David Acheson
1089 oder Das Wunder der Zahlen

David Acheson

1089 oder Das Wunder der Zahlen

Eine Reise in die Welt
der Mathematik

Aus dem Englischen
von Anita Ehlers

Jokers edition

Titel der englischen Originalausgabe: *1089 and All That. A Journey into Mathematics*. Oxford 2002. Lizenzausgabe mit freundlicher Genehmigung der Oxford University Press.

1089 and All That. A Journey into Mathematics was originally published in English in 2002. This translation is published by arrangement with Oxford University Press.

© David Acheson 2002

Die Deutsche Bibliothek verzeichnet diese Publikation in der Deutschen Nationalbibliographie; detaillierte bibliographische Daten sind im Internet unter http://dnb.ddb.de abrufbar.

Sonderausgabe für Jokers
© dieser Ausgabe 2011 Anaconda Verlag GmbH, Köln
Alle Rechte vorbehalten.
Umschlagmotiv: Copper Pendulum, © Getty Images/Thinkstock
Umschlaggestaltung: pecher und soiron, Köln
Satz und Layout: GEM mbH, Ratingen
Printed in Czech Republic 2011
ISBN 978-3-86647-652-3
info@anaconda-verlag.de
www.anacondaverlag.de

Inhalt

1. 1089 ... 7
2. Von der »Liebe zur Geometrie« ... 15
3. Aber ... das ist doch absurd 25
4. Das Problem mit der Algebra ... 35
5. Der bewegte Himmel ... 47
6. Alles fließt! ... 59
7. Möglichst minimal ... 67
8. »Sind wir bald da?« ... 79
9. Eine kurze Geschichte von π ... 89
10. Good Vibrations ... 99
11. Große Fehler ... 109
12. Was ist das Geheimnis des Lebens? ... 119
13. $e = 2{,}718\ldots$ ... 129
14. Chaos und Katastrophe ... 141
15. Nicht ganz der Indische Seiltrick ... 153
16. Reell oder imaginär? ... 165

Literaturhinweise ... 177
Die Webseite zum Buch ... 180
Danksagung ... 181
Register ... 183
Bildnachweis ... 189

Kapitel 1

1089

Man denke sich eine 3-stellige Zahl. Irgendeine, bei der sich die erste und letzte Ziffer um mindestens 2 unterscheiden.

Jetzt kehre man sie um und subtrahiere die kleinere dieser Zahlen von der größeren. Also zum Beispiel:

$$782 - 287 = 495$$

Danach vertausche man die erste Ziffer der neuen 3-stelligen Zahl mit der letzten und addiere die beiden:

$$495 + 594 = 1089.$$

1089 oder Das Wunder der Zahlen

Am Ende dieses Rechentricks steht immer 1089, obwohl natürlich jeder denkt, die Antwort müsse von der Wahl der 3-stelligen Zahl abhängen.
Tut sie aber nicht!
Die Antwort ist immer 1089.

In meiner Erinnerung ist der »Trick 1089« die erste Begegnung mit der Mathematik, die mich wirklich beeindruckt hat. Ich war zehn, als ich im *I-SPY Jahrbuch* für 1956 davon las.

Dieses von einer bekannten englischen Zeitung veröffentlichte Buch für Kinder enthielt eine Mischung aus Abenteuergeschichten und interessanten Aufsätzen mit Titeln wie »Leben im Teich«.

Am allerbesten gefiel mir:

EIN ZAHLENTRICK
Ein Zauberkünstler schreibt eine Zahl auf die Rückseite einer Schiefertafel und bittet einen Freund, eine Zahl aus drei verschiedenen Ziffern auf ein Blatt Papier zu schreiben. Dann muss er diese Zahl umkehren, die kleinere von der größeren abziehen, das Ergebnis umkehren und zur Differenz addieren.
Wenn der Freund fertig ist, dreht der Zauberer die Tafel um und zeigt das Ergebnis, nämlich 1089, das dort bereits steht.
GEHEIMNIS: Die Zahl, die bei diesem Trick herauskommt, ist immer 1089.

Es gab auch andere Zaubertricks, etwa »Das verschwindende Wasserglas« und »Gedankenlesen«, aber irgendwie faszinierte mich »1089« ganz besonders.

Dieser Rechentrick war geheimnisvoll und überraschend und damit ganz anders als das, was wir in der Schule lernten.

*Mr. Binden gab sich immer viel Mühe,
das Rechnen »interessant« zu machen …*

Ich will nicht behaupten, dass mir das Addieren und andere Herausforderungen elementarer Mathematik keinen Spaß gemacht hätten, denn ich rechnete gern. Aber ich erinnere mich, dass eine typische Textaufgabe dieser Zeit lautete:

»A und B können eine Zisterne in 4 Stunden füllen. A und C füllen dieselbe Zisterne in 5 Stunden. B arbeitet doppelt so rasch wie C. Finde heraus, wie lange C zum Füllen der Zisterne braucht, wenn er alleine arbeitet.«[*]

Kein Wunder, dass mich der »Trick 1089« beeindruckt hat!

Jetzt, über 40 Jahre später, scheint mir, dass zu wirklich guter Mathematik genau diese Elemente von Geheimnis und Überraschung gehören. Einige der ganz großen Lehrsätze und Ergebnisse bringen uns tatsächlich zum Staunen und Wundern.

Ich hoffe, im Lauf dieses Buchs etwas von diesem Staunen vermitteln zu können, und ich möchte zeigen, dass vor allem das Beweisen solcher Lehrsätze und Ergebnisse gelegentlich eine Menge Spaß machen kann.

Außerdem werden wir auf mehrere bemerkenswerte Anwendungen der Mathematik in den Naturwissenschaften und der Natur selbst stoßen.

---

[*] Allein hätte C 20 Stunden gebraucht, der arme Teufel!

MATHEMATIK

1. Wunderbare THEOREME
2. Schöne BEWEISE
3. Großartige ANWENDUNGEN

Unabhängig davon, ob meine Leserinnen und Leser ganz jung oder sehr alt oder irgendwo dazwischen sind; unabhängig davon, ob sie zur Schule gehen oder zur Universität oder nicht; ob sie einen Stift in der Hand halten oder einen Gin Tonic ... wir machen uns auf eine Reise.

Auf dem Weg werden wir einigen Grundgedanken der Mathematik begegnen und einen kleinen Einblick in ihre Geschichte erhalten.

Wir werden also, kurz gesagt, vorn anfangen und bis an die Grenzen vorstoßen, und um das »große Bild« nicht aus den Augen zu verlieren, gehen wir ziemlich rasch voran.

Wenn wir uns die Reise als Zugfahrt vorstellen, sind wir mit dem *Mathematik-Express* unterwegs.

Kapitel 2

Von der »Liebe zur Geometrie«

Ein besonders gut belegtes Beispiel dafür, wie Mathematik verblüffen und überraschen kann, gibt die folgende Anekdote, die von dem großen englischen Philosophen Thomas Hobbes (1588–1679) erzählt wird:

»Er war vierzig Jahre alt, ehe er sich der Geometrie zuwandte; es geschah außerdem ganz zufällig. Als er sich in der Bibliothek eines Gentleman befand, lagen Euklids *Elemente* aufgeschlagen da, und zwar *47 El. libri I.* Er las den Lehrsatz.»Bei G...«, sagte er (hin und wieder pflegte er zu fluchen, um seiner Rede Nachdruck zu verleihen), »das kann doch nicht wahr sein!«

Hier also ein Beispiel für Mathematik vom Feinsten; denn das Ergebnis fand Hobbes so erstaunlich, dass er es fast nicht glauben konnte.

Das Ergebnis war nichts anderes als der Satz des Pythagoras: Wenn a, b und c die Seiten eines rechtwinkligen Dreiecks sind und c die längste Seite, dann ist $a^2 + b^2 = c^2$.

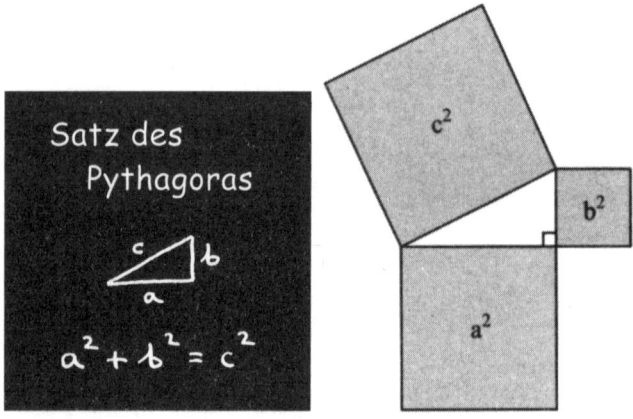

Mit »Glauben« hatte dieses Ergebnis für Hobbes jetzt nichts mehr zu tun, denn vor ihm lag der *Beweis*. Und eben dieser Beweis brachte ihn zu seiner …

… Liebe zur Geometrie.

Jetzt beweisen auch wir den Satz des Pythagoras.

Ich verstehe natürlich, wenn jetzt jemand fragt, was das noch soll. Schließlich ist dieses Theorem schon seit mehr als 2000 Jahren bekannt. Jeder hat vom pythagoräischen Lehrsatz gehört. Wenn da irgendetwas faul wäre, *hätte man das doch schon längst bemerkt!*

Ein solches Argument ist in der Mathematik praktisch wertlos.

Und überhaupt ist der folgende wunderbar einfache Beweis für das Theorem fast ein Vergnügen.

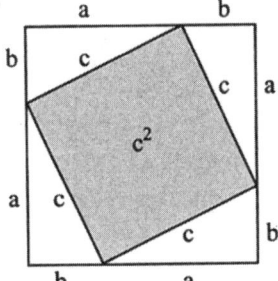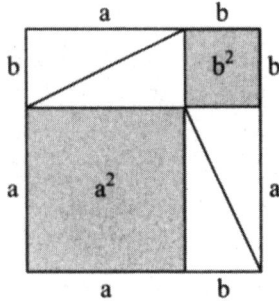

Man betrachte ein rechtwinkliges Dreieck mit den Seiten a, b und c. Zeichnet man, wie in der Abbildung links, vier dieser Dreiecke in ein Quadrat mit der Seitenlänge a + b, bleibt die Fläche c^2 übrig. Wenn man sich die Dreiecke jetzt als weiße Flächen auf dunklem Untergrund vorstellt und drei von ihnen verschiebt, liegen sie wie in der Abbildung rechts. Der von den weißen Dreiecken *nicht* bedeckte Untergrund, also $a^2 + b^2$, muss dann so groß sein wie die früher betrachtete Fläche c^2.

Somit ist $a^2 + b^2 = c^2$.

Zwei Sonderfälle sind besonders interessant.

Im einen Fall betragen die kleineren Winkel des rechtwinkligen Dreiecks jeweils 45°:

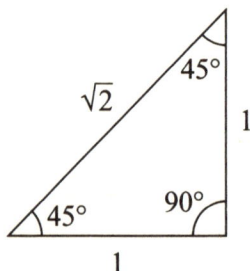

Wenn die beiden kürzeren Seiten die Länge 1 haben, beträgt die Länge der dritten Seite $\sqrt{2}$, ein typisches Beispiel für das Auftauchen der Quadratwurzel in der Mathematik.

Im anderen Sonderfall, der ebenfalls häufig auftritt, betragen die beiden spitzen Winkel 30° und 60°:

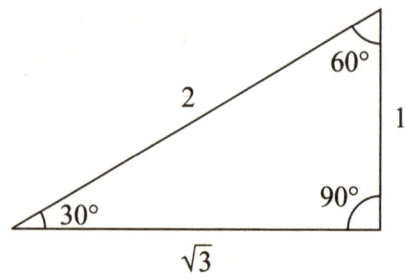

Aber das sind nur Sonderfälle. Die eigentliche Kraft und Bedeutung des pythagoräischen Lehrsatzes liegt in seiner *Allgemeingültigkeit*. Er gilt unabhängig davon, ob das rechtwinklige Dreieck kurz und dick oder lang und dünn ist.

Und das wissen wir nicht deshalb, weil irgendein Professor Dr. X, bekanntlich eine Koryphäe auf seinem Gebiet, uns versichert, dass es so ist, sondern weil wir uns mit eigenen Augen davon überzeugt haben.

Wenn der Lehrsatz des Pythagoras das bekannteste aller geometrischen Ergebnisse ist, dann ist das zweitbekannteste sicherlich die Formel für Umfang und Fläche eines Kreises mit Radius r:

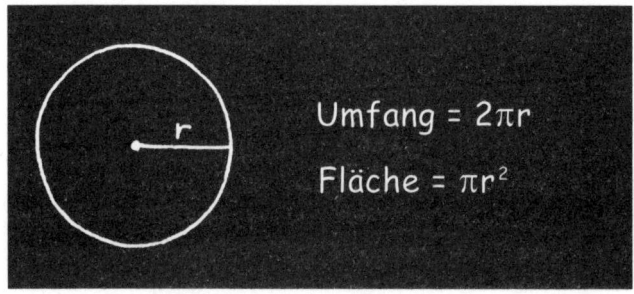

Auf diese Weise fand die ganz besondere Zahl

$$\pi = 3{,}14159\ldots$$

zum ersten Mal Eingang in die Mathematik. In der »Elementarmathematik« hat π immer mit Kreisen zu tun.

Wie groß also war die Überraschung, als die Mathematiker des 17. Jahrhunderts π plötzlich an allen möglichen Orten entdeckten, die anscheinend überhaupt nichts mit Kreisen zu tun hatten.

Eine der berühmtesten Erkenntnisse dieser Art ist die außerordentliche Beziehung zwischen π und den *ungeraden Zahlen*:

$$\frac{\pi}{4} = 1 - \frac{1}{3} + \frac{1}{5} - \frac{1}{7} + \ldots$$

Hier bedeuten die Punkte, dass wir die Brüche auf der rechten Seite der Gleichung *unaufhörlich* weiter addieren und subtrahieren sollen. Zunächst ist also keineswegs offensichtlich, dass die fragliche »Summe« überhaupt einen bestimmten Wert hat.

Und wenn es ihn gibt, warum sollte der Wert dann ausgerechnet $\frac{\pi}{4}$ sein? Was um Himmels willen haben Kreise mit den ungeraden Zahlen 1, 3, 5, 7, … zu tun?

Mathematiker finden erstaunliche *Zusammenhänge* dieser Art außerordentlich aufregend.

Heute geht es in der Geometrie um mehr und anderes als rechtwinklige Dreiecke, Kreise und so weiter. Es gibt sogar Teilgebiete der Geometrie, in denen die Begriffe Länge, Winkel und Fläche gar keine Rolle mehr spielen.

Eines dieser Gebiete ist die Topologie, eine Art Geometrie auf dem Gummituch, und dabei geht es immer wieder um die Frage, ob sich ein geometrisches Gebilde »glatt« in ein anderes umformen lässt.

Fragen dieser Art können sehr schwierig sein und sogar der Erfahrung widersprechen.

Betrachten wir beispielsweise die beiden geometrischen Gebilde unten und fragen uns, ob sich die Brezel links glatt in den Kringel rechts überführen lässt.

Man kann sich dieses Gebilde aus einem sehr elastischen Stoff denken, der sich beliebig dehnen, drücken und verzerren lässt.

Ist es also möglich, die Brezel ohne Zerreißen oder Zerschneiden in ihre »unverbundene« Form zu überführen?

Ja, es *geht*, und zwar so:

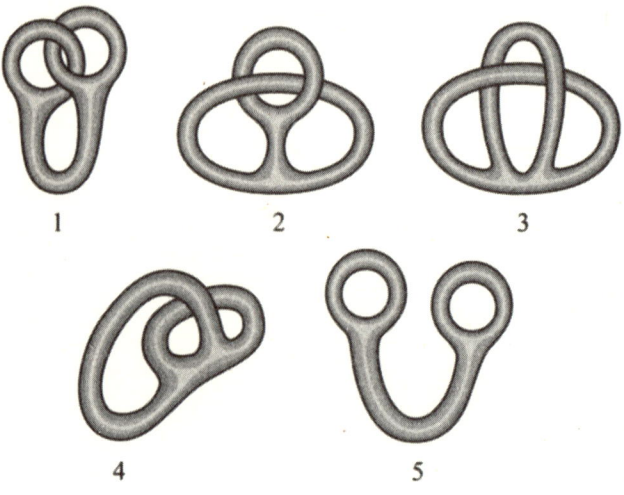

Zum Schluss dieses Kapitels kehren wir zu dem wichtigsten Vermächtnis der Geometrie der alten Griechen zurück, nämlich zur Idee des *Beweises*.

Wir verweisen auf dieses Thema gleich zu Beginn des Buchs, weil man in der Mathematik so leicht falsche Schlüsse ziehen kann.

Ganz besonders gefährlich ist es, wenn man aufgrund weniger Sonderfälle eine allgemeine Aussage macht.

Hier ist ein Beispiel. Man nehme einen Kreis, markiere auf seinem Umfang zwei Punkte und verbinde sie durch eine Gerade. Sie teilt den Kreis in zwei Teile.

Jetzt markiere man auf dem Kreisumfang drei Punkte und verbinde jeden Punkt mit *jedem* anderen durch Geraden. Wir erhalten 4 Bereiche.

Wenn wir dasselbe mit vier Punkten tun, erhalten wir acht Bereiche.

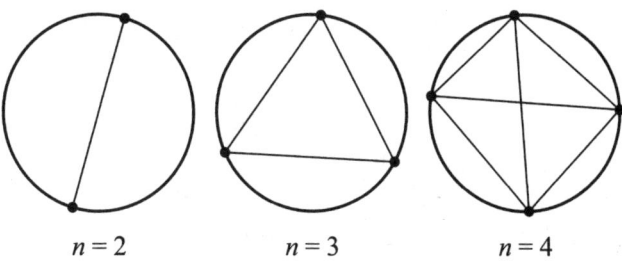

$n = 2$ $n = 3$ $n = 4$

Die Sache ist klar, oder nicht? Jedes Mal, wenn wir einen weiteren Punkt hinzufügen, verdoppelt sich, wie es scheint, die Anzahl der Gebiete. Für $n = 5$, so vermuten wir, erhalten wir 16 Gebiete.

Und siehe da, es stimmt:

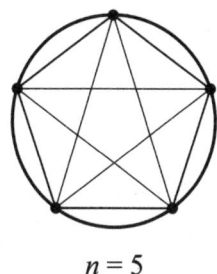

$n = 5$

Unsere Zuversicht wächst und wir behaupten weiter, dass wir für $n = 6$ entsprechend 32 Gebiete erhalten.

Das aber stimmt nicht.

Es sind 31.

$n = 6$

Die allgemeine Formel für die Anzahl der Bereiche ist nicht so einfach, wie wir dachten. Sie lautet:

$$\frac{1}{24}(n^4 - 6n^3 + 23n^2 - 18n + 24)$$

Deshalb also brauchen Mathematiker *Beweise*.

Kapitel 3

Aber ... das ist doch absurd ...

Am Ende des Buchs *Das Abenteuer des Beryl Coronet* erläutert Sherlock Holmes wie gewöhnlich seine Methode der Schlußfolgerung und bemerkt:

»Es ist ein alter Grundsatz von mir: Hat man alles Unmögliche ausgeschlossen, muss das, was übrig bleibt, die Wahrheit sein, egal, wie unwahrscheinlich sie ist.«

In gewisser Weise ähnelt das dem *Beweis durch Widerspruch*, einem der elegantesten und weitreichendsten Verfahren der gesamten Mathematik.

Der Grundgedanke besteht darin, die Wahrheit einer Behauptung zu beweisen, indem man zunächst annimmt, sie sei falsch, um aus dieser Annahme einen Widerspruch oder irgendwelchen Unsinn herzuleiten. Dann aber kann die Behauptung nicht falsch sein, und es bleibt nichts anderes übrig, als sie für wahr zu halten.

Diese Art der Beweisführung nennt man manchmal auch »indirekten« Beweis oder *reductio ad absurdum*.

Als erstes Beispiel betrachten wir das so genannte *Königsberger Brückenproblem*, auf das der große Schweizer Mathematiker Leonhard Euler 1736 als erster aufmerksam machte.

Zu dieser Zeit war Königsberg eine ostpreußische Stadt, die der Fluss Pregel in mehrere, durch sieben Brücken verbundene Stadtviertel teilte.

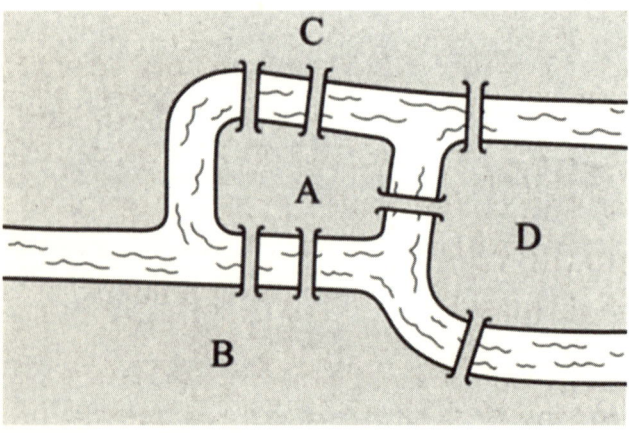

Auf ihren langen geruhsamen Sonntagsspaziergängen überquerten die Königsberger diese Brücken und ließen sich – so wird erzählt – von einer Frage ganz besonders faszinieren: Lässt sich in Königsberg ein Spazierweg so wählen, dass man jede der sieben Brücken einmal und nur einmal überquert?

Auf den ersten Blick stehen wir vor der mühsamen und abschreckenden Aufgabe, alle möglichen Wege der Reihe nach abzulaufen und zu zeigen, dass keiner von ihnen die Aufgabe löst. Aber wie Euler zeigte, kann man sich diese Mühe raffiniert ersparen. Seine Überlegung lässt sich überzeugend als Beweis durch Widerspruch darstellen.

Nehmen wir also an, es *sei* möglich. Mit anderen Worten: Wir beginnen den Spaziergang in einem der Stadtteile A, B, C, D, und wir beenden ihn in einem von ihnen (möglicherweise demselben), nachdem wir jede der sieben Brücken genau einmal überquert haben.

Daraus folgt sofort, dass es mindestens zwei Bereiche gibt, die weder am Anfang noch am Ende des Weges liegen. Betrachten wir einen davon. Wir betreten ihn soundso oft und verlassen ihn genauso oft, und da wir jede Brücke genau einmal überqueren, muss von diesem Viertel eine gerade Anzahl von Brücken ausgehen.

Aber kein Königsberger Stadtteil hat diese Eigenschaft: Auf der Insel A gibt es 5 Brückenköpfe, in den Vierteln B, C und D je drei.

Daher kann *kein* Königsberger Spazierweg genau einmal über alle Brücken führen.

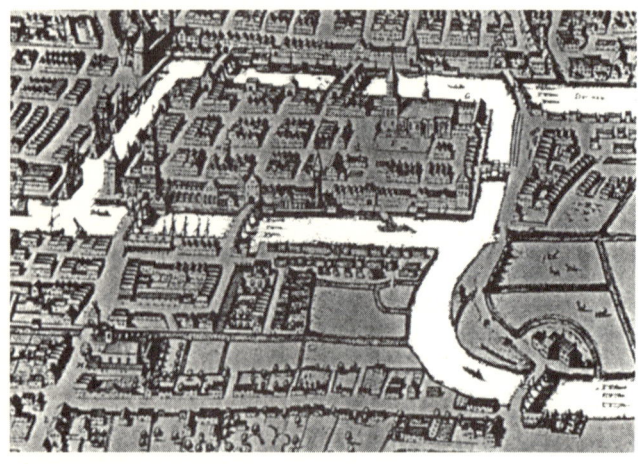

Jedenfalls galt das 1736. Meines Wissens ist die Lage jetzt eine andere, denn Königsberg, das heutige Kaliningrad, hat nur fünf Brücken, von denen die meisten erst nach dem Zweiten Weltkrieg gebaut wurden.

Ein tiefer reichendes Beispiel für den Beweis durch Widerspruch liefern uns die Primzahlen.

Eine Primzahl ist eine ganze Zahl größer als 1, die nur durch 1 und sich selbst teilbar ist. Also sind die Zahlen

$$2, 3, 5, 7, 11, 13, 17, 19, \ldots$$

Primzahlen, 15 jedoch hat die Teiler 3 und 5, und ist deshalb keine Primzahl.

2	3	5	7	11	13	17	19	23	29
31	37	41	43	47	53	59	61	67	71
73	79	83	89	97	101	103	107	109	113
127	131	137	139	149	151	157	163	167	173
179	181	191	193	197	199	211	223	227	229
233	239	241	251	257	263	269	271	277	281
283	293	307	311	313	317	331	337	347	349
353	359	367	373	379	383	389	397	401	409
419	421	431	433	439	443	449	457	461	463
467	479	487	491	499	503	509	521	523	541

Die ersten hundert Primzahlen.

Jede ganze Zahl größer als 1 ist entweder eine Primzahl oder ein Produkt von Primzahlen. So ist 17 zum Beispiel eine Primzahl, 18 jedoch lässt sich als $2 \cdot 3 \cdot 3$ schreiben. In diesem Sinn sind die Primzahlen die »Bausteine«, aus denen sich alle anderen ganzen Zahlen durch Multiplikation ergeben.

Wenn wir die Liste der ganzen Zahlen von 1 aufwärts durchsehen, sind Primzahlen zunächst recht häufig, werden dann aber seltener. So sind 25 % aller ganzen Zahlen unter 100, aber nur 7,9 % aller Zahlen bis 1 000 000 Primzahlen.

Da stellt sich natürlich die Frage, ob die Liste der Primzahlen irgendwann aufhört oder sich endlos fortsetzen lässt.

Euklid hat die Antwort gefunden: *Es gibt unendlich viele Primzahlen.*

Und wie hat er das *bewiesen*?

»Sie wollen einen Beweis? Ich zeige es Ihnen.«

Die Antwort ist: Er führte einen Beweis durch Widerspruch.

Er begann also mit der Annahme, es gäbe nur endlich viele Primzahlen. In dem Fall gibt es eine größte Primzahl, die wir p nennen. Die vollständige Liste aller Primzahlen lautet dann:

$$2, 3, 5, 7, 11, 13, \ldots, p$$

So weit so gut. Völlig klar, sagen Sie vielleicht. Der nächste Schritt aber war eine Eingebung.

Euklid hatte die geniale Idee, die Zahl

$$N = 2 \cdot 3 \cdot 5 \cdot 7 \cdot 11 \ldots \cdot p+1$$

zu betrachten, also die Zahl, die sich ergibt, wenn man alle Primzahlen miteinander multipliziert und zu ihrem Produkt 1 addiert.

Diese Zahl N ist mit Sicherheit größer als p, und kann, da p die größte Primzahl ist, keine Primzahl sein. Es muss deshalb möglich sein, sie als Produkt von Primzahlen zu schreiben, was bedeutet, dass sie durch mindestens eine Primzahl teilbar ist.

Aber das ist sie nicht: Wenn man N durch irgendeine Primzahl aus der Liste $2, 3, 5, \ldots, p$ dividiert, bleibt immer der Rest 1.

Wir sind also auf einen Widerspruch gestoßen, der sich nur auf eine Art lösen lässt: Die ursprüngliche Annahme muss falsch sein, die Anzahl der Primzahlen kann nicht endlich sein – sie muss unendlich sein.

In der Zahlentheorie gibt es auch kompliziertere Probleme.

Nehmen wir an, wir hätten es mit ganzen Zahlen zu tun und möchten wissen, ob es möglich ist, dass die Summe von zwei Quadratzahlen wieder eine Quadratzahl ist. Nach einigem Herumprobieren merken wir, dass es auf jeden Fall *möglich* ist, denn

$$3^2 + 4^2 = 5^2$$

ist nur eines von vielen Beispielen.

Wenn wir aber versuchen, dritte Potenzen zu finden, die sich zu einer dritten Potenz addieren, liegt die Sache anders. Falls wir uns lange genug und mit ziemlich großen Zahlen darum bemühen, erhalten wir amüsante Fast-Ergebnisse. So ist beispielsweise

$$729^3 + 244^3 = 401\,947\,273$$

und

$$738^3 = 401\,947\,272$$

Wir sind also »fast« da ... aber *nicht ganz*. Trotz aller Bemühungen gelingt es uns nicht, ganze Zahlen *a*, *b*, *c* zu finden, für die $a^3 + b^3 = c^3$ ist. Noch dazu scheint das auch für $a^4 + b^4 = c^4$ zu gelten.

All das sah der französische Mathematiker Pierre Fermat 1637 voraus, als er am Rand eines Mathematikbuchs (auf Lateinisch) die wahrhaft umfassende Behauptung notierte:

»Es ist unmöglich, ganze Zahlen a, b, c so zu finden, dass

$$a^n + b^n = c^n$$

wenn n eine ganze Zahl größer als 2 ist.«

Das Verwirrendste an dieser *Fermatschen Vermutung*, auch *Fermats letzter Satz* genannt, war sein Zusatz:

»Ich habe dafür einen wahrhaft wunderbaren *Beweis* gefunden, doch ist der Rand hier zu schmal, um ihn zu fassen.«

*Es passiert nicht jeden Tag,
dass die Mathematik in die Schlagzeilen kommt.*

Sollte Fermat einen solchen »Beweis« tatsächlich gehabt haben, dann wurde er nie gefunden. Erst 1993 gab der Brite Andrew Wiles einen allgemeinen Beweis für Fermats Vermutung bekannt. Es war mit Sicherheit das von der Öffentlichkeit am stärksten wahrgenommene mathematische Ereignis des 20. Jahrhunderts.

Dieser Beweis ist zwar nur für Fachleute auf dem Gebiet verständlich, nutzt aber dennoch nichts anderes als die von uns gerade eben erörterte Argumentation.

Die Idee vom Beweis durch Widerspruch ist also auch 2000 Jahre, nachdem Euklid sie erfolgreich auf Primzahlen anwandte, noch immer quicklebendig.

Kapitel 4

Das Problem mit der Algebra

Ich frage mich, warum sich alle über Algebra immer so aufregen.

Zum Beispiel schrieb Anfang des 19. Jahrhunderts der französische Dichter Stendhal:

»Meines Erachtens war Heuchelei in der Mathematik unmöglich ... Was für ein Schock, als ich merkte, dass mir niemand erklären konnte, wieso minus mal minus plus ergibt!«

Und hier die nicht ganz so schlüssige Meinung eines Schuljungen namens Molework, aus dem zuerst 1953 erschienenen Buch *Down with Skool!* von Geoffrey Willans und Ronald Searle (dt. Ausgabe *Sah ein Knab ein Röslein stehen*, Zürich 1955). Molesworths Weltsicht ist etwas primitiv, und seine Rechtschreibung lässt durchaus zu wünschen übrig, dennoch wird in dem Kapitel WAS MATTE-LEHRA GANICH MÖGEN deutlich genug, was er von Algebra hält:

»Herr lehra, Herr lehra!«
»Ja molesworth?«
»Sechs raff ich übahaup nich, Herr lehra!«
»Wirklich nicht molesworth?«

»Das isn reines durcheinander von buchstabm, Herr lehra, ich mein, ich weis, mir isses egal ob ichs richtig hab oder nich, aber was fürn esel schreib bloß son buch.«

(Mattelehra schlägt wütend los und jagt mich mit großen zirkel durchs zimma, wirbelt mich dreimal rum und dann zum fenster raus.)

Für Molesworth ist Algebra also lediglich ein »durcheinander von buchstabm«, und das finde ich sehr bedauerlich. Womöglich hat sich nie jemand die Mühe gemacht, ihm ein wirklich gutes Beispiel für angewandte Algebra zu zeigen.

Beispielsweise eine Erklärung für den »Trick 1089«.

Der erste Schritt war ja, wie man sich erinnert, die Wahl einer 3-stelligen Zahl. Dann sollte man die erste Ziffer umkehren und die kleinere Zahl von der größeren abziehen.

Nehmen wir an, die größere der beiden Zahlen habe die Ziffern a, b, c. Dann ist ihr tatsächlicher Wert $100a + 10b + c$. Nach dem »Umkehren« und Subtrahieren bleiben uns $100a + 10b + c - (100c + 10b + a)$, und das ist dasselbe wie

$$100a + \cancel{10b} + c - 100c - \cancel{10b} - a = 99a - 99c$$
$$= 99(a - c).$$

Da a und c ganze Zahlen sind, ist das Ergebnis des ersten Teils des Tricks *immer ein Vielfaches von 99*.

Nun sind die 3-stelligen Vielfachen von 99 die Zahlen 198, 297, 396, 495, 594, 693, 792, 891, und man sieht sofort, dass die erste und dritte Ziffer zusammengezählt immer 9 ergeben. Wenn wir also irgendeine dieser Zahlen umkehren und zur ersten addieren – das ist der letzte Teil des Tricks – ergibt die Summe der ersten Ziffern das 9-Fache von 100, die der dritten das 9-Fache von 1 und die der zweiten das 2-Fache von 90, und das gibt zusammen

$$900 + 9 + 180 = 1089.$$

So hat uns ein kleines bisschen Algebra dabei geholfen, einen einfachen mathematischen Zaubertrick zu präsentieren.

Das Problem mit der Algebra

Im Gegensatz zur Geometrie war die Algebra ein Spätentwickler, und so, *wie wir sie heute kennen*, stammt sie aus dem 16. Jahrhundert.

> And to auoide the tedioufe repetition of thefe woordes: is equalle to: I will fette as I doe often in woorke vfe, a paire of paralleles, or Gemowe lines of one lengthe, thus: ======, bicaufe noe. 2. thynges, can be moare equalle. And now marke thefe nombers.
>
> 14.⫛.———.15.⨀======71.⨀.

Das erste Auftreten des Gleichheitszeichens = (in Robert Recordes The Whetstone of Witte *von 1557).*

Erst 1557 taucht zum Beispiel das vertraute Gleichheitszeichen auf; die Abbildung oben zeigt eine Gleichung, die wir heute in der Form

$$14x + 15 = 71$$

schreiben würden.

Um sie zu lösen (um also den Wert von x zu finden), ziehen wir zuerst von beiden Seiten 15 ab und erhalten

$$14x = 56.$$

Dann teilen wir beide Seiten durch 14 und erhalten

$$x = 4.$$

So weit, so gut, sollte man meinen. Aber sobald Gleichungen komplizierter werden, bekommen viele das Flattern.

Molesworth beispielsweise nennt

$$\frac{a \times b\,(c-d)}{d \times c\,(b-a)} = \frac{pq + rs}{xg - nbg}$$

als Beispiel für eine Gleichung, die »einm ächt die sprache verschlägt«, und ich muss sagen: Ich stimme ihm zu. *So* sieht eine algebraische Gleichung für mich nicht aus, und ich habe nicht die geringste Ahnung, was man damit anfangen soll. Wenn Molesworth so etwas tatsächlich häufiger an der Wandtafel zu sehen bekam, wundert mich seine Verwirrung überhaupt nicht.

Ich stelle mir eine gute algebraische Gleichung eher so vor:

$$(x+a)^2 = x^2 + 2ax + a^2$$

Das ist eine ganz andere Gleichung als $14x + 15 = 71$, da sie für *alle* Zahlen x und a gilt, wie sich mit den Regeln der elementaren Algebra beweisen, und, wenn x und a positiv sind, sogar *geometrisch* aus dem folgenden Diagramm ablesen lässt:

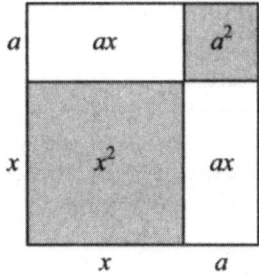

Und das Ergebnis hat einen Sinn. Zum Beispiel können wir mit seiner Hilfe quadratische Gleichungen lösen, etwa

$$x^2 + 6x = 7.$$

Fügen wir in unsere allgemeine Formel oben (ganz schlau) $a = 3$ ein, erhalten wir $(x + 3)^2 = x^2 + 6x + 9$. Das wiederum versetzt uns in die Lage, unsere quadratische Gleichung umzuschreiben als $(x + 3)^2 = 16$. Daraus folgt unmittelbar, dass $x + 3$ entweder 4 oder −4 sein muss, also x selbst entweder 1 oder −7.

Auf diese Weise lässt sich jede quadratische Gleichung lösen.

Natürlich kann man jetzt fragen: »Warum soll man quadratische Gleichungen überhaupt lösen?«

Die Frage ist völlig berechtigt. Ich vermute allerdings, dass sie von unterschiedlichen Mathematikern sehr unterschiedlich beantwortet wird. Als angewandter Mathematiker, der sich oft mit der Stabilität mechanischer Systeme beschäftigt, muss ich sagen, dass ich schon lange nicht mehr mitzählen kann, wie oft ein Problem *am Ende* auf die Lösung einer quadratischen Gleichung hinauslief.

Und mir schwirrt der Kopf, wenn ich an die Anzahl der quadratischen Gleichungen denke, die – an vielen Stationen des Weges – bei der Entwicklung der Steuer- und Kontrollverfahren gelöst werden mussten, die Menschen auf den Mond und zurückbrachten.

Wie viele quadratische Gleichungen waren nötig,
um Menschen auf den Mond zu bringen?

Wer wirklich wissen will, was Algebra kann, tut gut daran, sie mit der Geometrie in Verbindung zu bringen.

Die so genannte analytische Geometrie entstand Anfang des 17. Jahrhunderts und geht vor allem auf Fermat und Descartes zurück, die nach einer Möglichkeit suchten, geometrische Probleme in algebraische umzuwandeln und umgekehrt. In der Formulierung Descartes':

»Auf diese Weise wollte ich das Beste aus Geometrie und Algebra übernehmen und alle Mängel der einen mit Hilfe der anderen korrigieren.«

Um genau das zu tun, ziehen wir zwei senkrecht zueinander stehende *Achsen* und ordnen jedem Punkt ein *Koordinatenpaar* (x, y) zu:

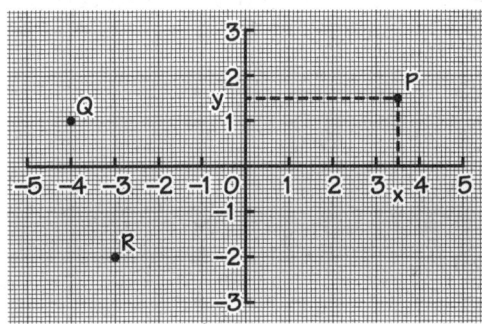

Im obigen Diagramm hat beispielsweise der Punkt P die Koordinaten $x = 3{,}5$ und $y = 1{,}5$. Wir erhalten sie, indem wir parallel zu den Achsen durch P zwei Geraden ziehen. Ähnlich hat der Punkt Q die Koordinaten $(-4, 1)$, R dagegen die Koordinaten $(-3, -2)$.

Das alles macht man hauptsächlich, weil damit eine Gleichung als Kurve dargestellt werden kann oder umgekehrt.

Die Gleichung $y = 2x + 1$ beispielsweise entspricht einer Geraden:

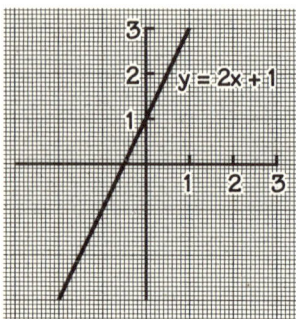

Umgekehrt haben sämtliche Punkte auf dieser Geraden die Koordinaten (x, y), die der Gleichung genügen.

Ein etwas komplizierteres Beispiel ist $y = \frac{1}{2} x^2$. Diese Gleichung entspricht einer so genannten *Parabel:*

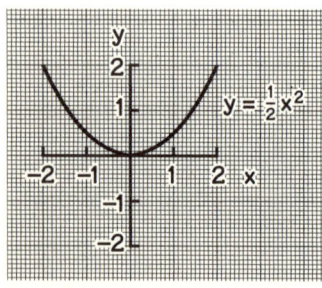

Ein weiteres Beispiel ist $x^2 + y^2 = 4$, die einem *Kreis* entspricht.

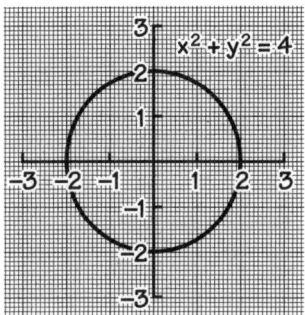

Aber nicht nur aus diesem Grund begannen Mathematiker im 17. Jahrhundert damit, Algebra und Geometrie zur analytischen Geometrie zu verknüpfen.

Vor allem Descartes bewegte noch etwas ganz anderes, und er kündigte an:

»Ich habe beschlossen, die rein abstrakte Geometrie aufzugeben ... um ein Gebiet zu untersuchen, das die Erklärung der Naturphänomene zum Ziel hat.«

Eine passende Überleitung zum nächsten Kapitel.

Kapitel 5

Der bewegte Himmel

Seit Urzeiten schon sorgt das Erscheinen unbekannter Himmelskörper für Aufregung – und sogar Panik.

Noch 1910, kurz vor der Rückkehr des Halleyschen Kometen, versetzten amerikanische Zeitungen die Bevölkerung in Aufruhr, als sie titelten: »Heute Nacht sechs Stunden im Kometenschweif« und »Chicago in Angst und Schrecken«.

Da Halleys Komet eine Bahnperiode von etwa 76 Jahren hat, erschien er turnusgemäß zuletzt im Jahr 1986. In großer Entfernung von der Sonne ist seine Geschwindigkeit sehr gering, erst wenn er für eine »Begegnung der nahen Art« zurückkehrt, beschleunigt er stark.

Seine Bahn hat die Form einer *Ellipse.*

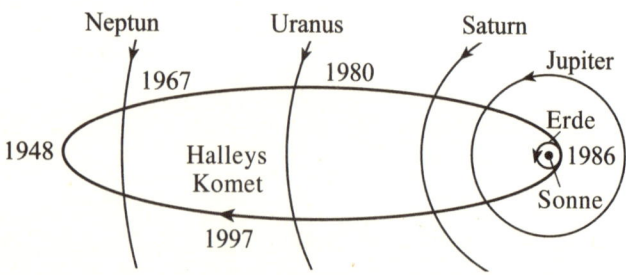

Mit Ellipsen kannten sich schon die alten Griechen gut aus, und sie konstruierten sie mit Hilfe eines einfachen Verfahrens, das Gärtner noch heute beim Anlegen von Blumenbeeten benutzen.

Man markiere mit zwei Stöckchen zwei Punkte H und I und lege ein geschlossenes Band um sie herum. Dann straffe man den Faden und bewege – wie in der Abbildung unten – den Punkt E. Die von E beschriebene Kurve ist eine Ellipse.

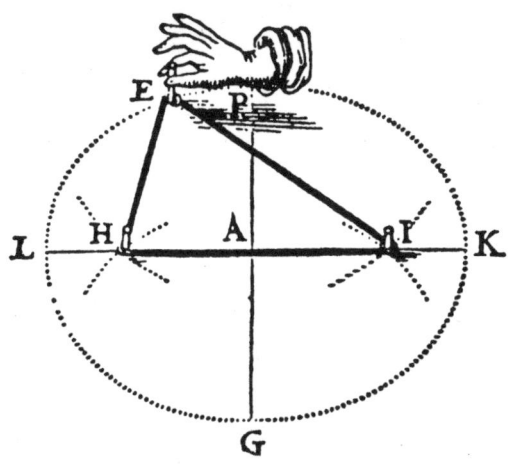

Eine Ellipse aus van Schootens
Exercitationum Mathematicorum *(1657).*

Auf den ersten Blick sieht man vielleicht nicht mehr als einen leicht zerdrückten Kreis, doch die Griechen wussten, dass die Ellipse mehrere interessante Eigenschaften besitzt. So erhält man zum Beispiel eine Ellipse, wenn man (wie abgebildet) einen Kegel geeignet schneidet. Und wenn wir einen elliptischen Spiegel konstruieren und eine Lichtquelle an den Punkt H setzen, werden alle Lichtstrahlen im Punkt I reflektiert und umgekehrt. Aus diesem Grund nennt man die Punkte H und I die *Brennpunkte* der Ellipse.

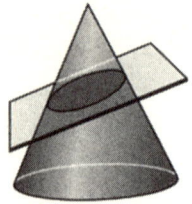 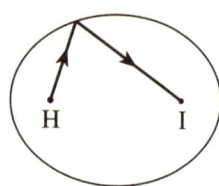

Für die Griechen war die Ellipse also eine schön geschwungene Kurve mit interessanten geometrischen Eigenschaften.

Dabei blieb es, 1500 Jahre lang.

Dann jedoch, Anfang des 17. Jahrhunderts machte der große deutsche Astronom Johannes Kepler eine außerordentliche Entdeckung.

Zwar wusste man schon länger, dass die Planeten die Sonne auf nahezu kreisförmigen Bahnen umlaufen, doch erst nach peinlich genauer Analyse der Beobachtungsdaten gelang Kepler der Nachweis, dass die Planetenbahnen tatsächlich Ellipsen sind.

Und er bewies, was eigentlich noch viel bemerkenswerter ist, dass die Sonne *in einem der Brennpunkte steht.*

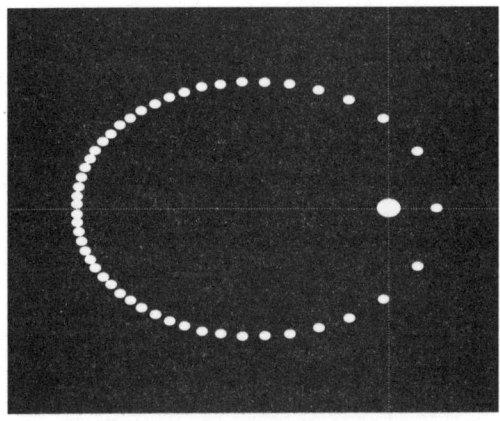

Kepler ging sogar noch weiter. Er wusste, dass jeder Planet schneller wird, wenn er sich der Sonne nähert, und langsamer, wenn er sich von ihr entfernt. Das lässt sich zum Beispiel in der Abbildung oben erkennen, die die Aufeinanderfolge der Positionen eines »Planeten« nach jeweils gleichen Zeitabständen zeigt. Kepler fand eine einfache Regel, die diese Beschleunigung und Verlangsamung genau beschreibt. Wenn wir uns eine Gerade vorstellen, die den Planeten mit der Sonne verbindet, dann dreht sich, nach Kepler, diese Gerade so, dass sie *in gleichen Zeiteinheiten gleiche Flächen* überstreicht.

Viele Jahre vergingen, bevor Keplers Arbeit bekannt und allgemein akzeptiert wurde, trotzdem entwickelte sich die Suche nach einer Erklärung all dieser außerordentlichen Ergebnisse zum herausragenden wissenschaftlichen Problem des späten 17. Jahrhunderts.

Zunächst stellte sich sie große Frage, warum ein Planet überhaupt auf einer *gekrümmten* Bahn läuft.

Nun, auf einen in einer Schleuder herumgewirbelten Stein wirkt eine Kraft, die zur Mitte E der Kreisbewegung gerichtet ist. Diese Kraft hält den Stein auf einer gekrümmten Bahn. Ohne sie würde der Stein entlang der Tangente ACG wegfliegen.

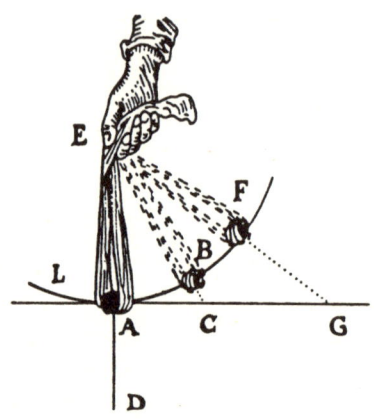

Ein Stein wird in einer Steinschleuder herumgewirbelt (aus Descartes' Principia philosophiae, *1644).*

Solche Überlegungen führten zu dem Schluss, dass auf jeden Planeten eine *Kraft* wirken muss, die ihn auf einer gekrümmten Bahn hält.

Aber woher kommt diese Kraft?

Allmählich, so scheint es, kam der Gedanke auf, die Sonne könne auf die Planeten eine anziehende »Gravitationskraft« ausüben:

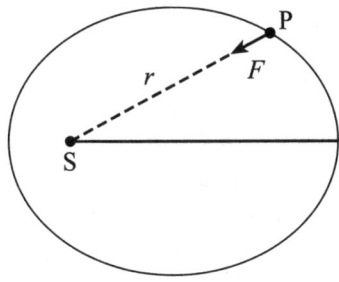

Aber selbst wenn das so wäre: Wie würde diese Gravitationskraft F dann von der Entfernung r des angezogenen Körpers zur Sonne abhängen? Die Annahme schien vernünftig, dass jede solche Kraft um so kleiner ist, je weiter der Körper von der Sonne entfernt ist. Hinweise, die auf einer anderen Keplerschen Entdeckung beruhen, legten nahe, dass die Kraft F proportional sei zu $1/r^2$.

Aber das wusste niemand genau.

Um 1679 beschäftigten sich, besonders in London, einige der besten Naturwissenschaftler der Zeit mit diesem Problem. Zu ihnen gehörten Edmund Halley und Robert Hooke, der vor allem für sein Gesetz der elastischen Federung und die Erfindung des zusammengesetzten Lichtmikroskops bekannt ist.

Hooke führte Tagebuch und notierte darin gelegentlich Fortschritte auf dem Gebiet der Planetenbewegung.

18. Oktober. Cresham College über Elliptische Bewegung.

21. Oktober. In Bruins Kaffeehaus mit Sir Chr. Wren über ... verwundenen Kegel für Himmelsbewegung.

Was Hooke mit »verwundenem Kegel« meinte, ist, glaube ich, heute nicht mehr feststellbar, aber wir wissen, dass er mehrere Ideen dazu hatte, wie sich die Bewegung der Planeten durch irgendeine Art von mechanischem Modell nachahmen ließe.

Das Problem wurde schließlich nicht mit mechanischen Mitteln gelöst, sondern mit Mathematik.

Die Sache spitzte sich zu, als Halley im August 1684 Isaac Newton besuchte.

Newton war Professor für Mathematik in Cambridge. Er sollte eine der größten Gestalten in der Geschichte der Naturwissenschaft werden, aber das ahnte wohl damals noch keiner.

Gewiss nicht die Studenten, die seine Vorlesungen nur selten besuchten. Denn es kamen, wie einer seiner Zeitgenossen berichtet, »so wenige, um ihn zu hören, & noch viel weniger, die ihn verstanden, dass er aus Mangel an Hörern oft praktisch gegen die Wand sprach.«

Isaac Newton (1642–1727).

Außer Zweifel jedoch steht die Intensität, mit der Newton seine eigenen wissenschaftlichen und mathematischen Forschungen betrieb:

»Er war ununterbrochen mit seinen Studien beschäftigt, empfing nur sehr selten Besuch & machte seinerseits ebenso selten Besuche ... Ich habe ihn nie einer Erholung oder dem Müßiggang nachgehen sehen. Weder beim Ausritt in frischer Luft noch bei einem Spaziergang, beim Bowling oder irgendeiner anderen Beschäftigung, weil er alle Stunden für verloren hielt, die er nicht mit seinen Forschungen verbrachte ... Er aß nur sehr selten im Speisesaal und wenn man ihn nicht erinnerte, ging er sehr nachlässig gekleidet, mit heruntergetretenen Schuhen, ungebundenen Strümpfen, im Arbeitskittel und mit kaum gekämmtem Haar.«

Einen solchen Menschen also besuchte Dr. Edmund Halley 1684, um mit ihm das größte wissenschaftliche Problem seiner Zeit zu besprechen.

Und der Besuch bei Newton war ein großer Erfolg, denn:

»... nachdem sie einige Zeit zusammengesessen hatten, fragte ihn Doktor Halley, was seiner Meinung nach die Kurve sei, die von den Planeten beschrieben wird, angenommen, die Anziehungskraft zur Sonne sei reziprok zum Quadrat ihrer Entfernung von ihr. Sir Isaac antwortete sofort, es wäre eine Ellipse. Doktor Halley war erstaunt und begeistert und fragte ihn, woher er das wisse. Wieso, sagte Newton, ich habe es ausgerechnet.«

Bereits drei Jahre nach diesem Treffen, 1687, hatte sich Newtons »Rechnung« – und viele ihr ähnliche – zu den *Principia* ausgewachsen, einem der einflussreichsten wissenschaftlichen Bücher, die je geschrieben wurden.

Schon in den ersten Kapiteln des Buchs sucht Newton nach einer Erklärung für die Beschleunigung der Planeten, wenn sie sich der Sonne nähern. Und er zeigt mit scheinbarer Leichtigkeit, dass sich Keplers Flächensatz erklären lässt, wenn man schlicht annimmt, dass die Gravitationskraft, die die Sonne auf einen Planeten ausübt, zur Sonne gerichtet ist. Keplers Flächensatz ist, anders gesagt, einfach eine Folge der Richtung, in der diese Gravitationskraft wirkt.

Als schwieriger stellt sich die Bestimmung der Größe dieser Kraft F heraus. In Proposition XI jedoch gibt Newton schließlich die Antwort: Wenn, wie Kepler sagt, ein Planet auf einer Ellipse läuft, in deren einem Brennpunkt die Sonne steht, dann muss F proportional sein zu $\frac{1}{r^2}$, wobei r den Abstand des Planeten von der Sonne angibt.

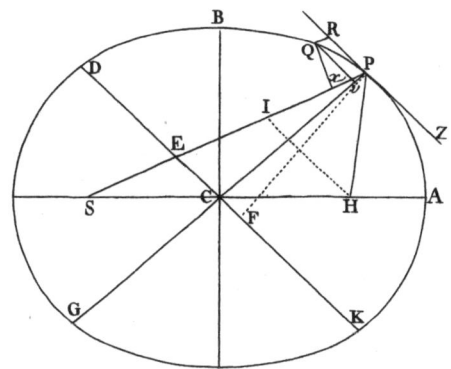

Auszug aus der 1729 veröffentlichten ersten englischen Ausgabe von Newtons Principia.

Newtons Beweisverfahren für diese Annahme sind rein geometrisch, und es ist nicht übertrieben zu sagen, dass Leser, die heute in die *Principia* hineinschauen, auf jeder Seite mit Geometrie buchstäblich überschüttet werden.

Auf den ersten Blick sieht diese Geometrie noch herkömmlich aus, wie die Geometrie der alten Griechen. Doch bei genauerer Betrachtung merken wir, dass sie anders ist. Newton beginnt darin Neues, etwas noch nie Dagewesenes.

Zwar ist die *Principia* über weite Strecken ein hoch spezialisiertes Lehrbuch voller glänzender einfallsreicher *ad-hoc*-Argumente, dennoch zieht sich durch das gesamte Buch ein Gedanke, der eigentlich, zumindest für heutige Augen, recht einfach ist.

Einem tiefen und schwierigen dynamischen Problem nämlich nähert sich Newton immer wieder, indem er sich vorstellt, die Gesamtbewegung sei in *sehr viele sehr kleine Einzelbewegungen* aufgeteilt.

Und wie wir gleich sehen werden, beruht auf diesem verblüffend einfachen Gedanken einer der größten Fortschritte aller Mathematik.

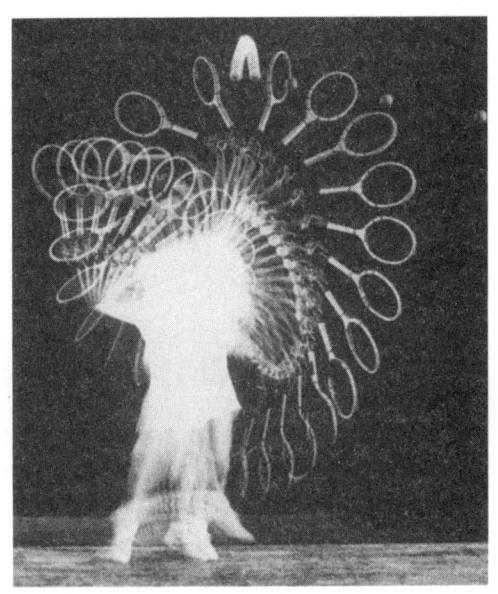

Kapitel 6

Alles fließt!

Wohin wir auch sehen, überall verändern sich die Dinge.

Ganz gleich, ob die fraglichen »Dinge« die Position eines Tennisschlägers oder den Wert einer Aktie oder den Blutdruck betreffen, überall beobachten wir Veränderung.

Und der Zweig der Mathematik, der sich am meisten mit Veränderung beschäftigt, ist die *Analysis* oder Infinitesimalrechnung.

Der Mathematik allerdings geht es weniger um Veränderung an sich als um den *Verlauf* der Veränderung.

Denken wir uns also eine Größe y, die sich im Lauf der Zeit t verändert.

Mathematiker bezeichnen die Geschwindigkeit der Veränderung von y in Abhängigkeit von t mit dem etwas seltsamen Symbol

$$\frac{dy}{dt} = \text{Geschwindigkeit, mit der } y \text{ zunimmt}$$

Dieses Symbol, gelesen als »d y nach d t« ist keineswegs, was es zu sein scheint, und zunächst gewöhnungsbedürftig.

Am einfachsten ist es, wenn man sich anschaut, wie es berechnet wird.

Wir betrachten zunächst *kleine Veränderungen* der beteiligten Größen.

Es hat sich bewährt, eine Art Kurzschrift für diese kleinen Veränderungen einzuführen, indem man den griechischen Buchstaben δ, delta, für den Ausdruck »kleine Veränderung von« benutzt. So bedeutet δt eine kleine zeitliche Veränderung, und wenn t von 1 auf 1,01 anwächst, hat δt den Wert 0,01.

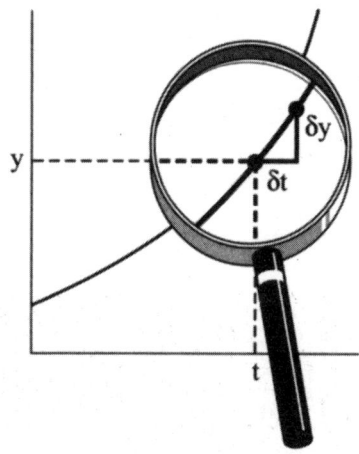

Nach einer kleinen zeitlichen Veränderung δt hat sich die uns interessierende Größe y selbst um einen Wert δy verändert, und um den Wert $\frac{\delta y}{\delta t}$ zu erhalten, braucht man im nächsten Schritt nur eine Veränderung durch die andere zu dividieren.

Das Ergebnis hat bereits Ähnlichkeit mit der gesuchten Größe, aber noch sind wir nicht ganz, wo wir hinwollen. Der letzte Schritt ist ziemlich raffiniert.

Denn um $\frac{dy}{dt}$ zu berechnen, also die Geschwindigkeit der Veränderung von y, nehmen wir $\frac{\delta y}{\delta t}$ und finden heraus, welchen Wert sie annimmt, wenn beide Größen, δy und δt, *kleiner und kleiner* werden.

Wie das genau funktioniert, sieht man am besten an einem einfachen Beispiel.

Stellen wir uns also vor, eine Modelleisenbahn beschleunige aus dem Stand und habe nach t Sekunden eine Entfernung von y Zentimeter zurückgelegt, wobei gilt:

$$y = t^2$$

Der Zug wird also in der Tat immer schneller, denn nach 1 Sekunde hat er 1 cm zurückgelegt und nach 2 Sekunden schon $2^2 = 4$ cm, und das ist nicht doppelt, sondern viermal soviel.

Die Geschwindigkeit des Zuges verändert sich also unablässig. Die Frage ist nur: Welche Geschwindigkeit hat er zur Zeit t?

Da die Geschwindigkeit als Zunahme der Entfernung pro Zeiteinheit definiert ist, läuft dies auf eine rein mathematische Frage hinaus:

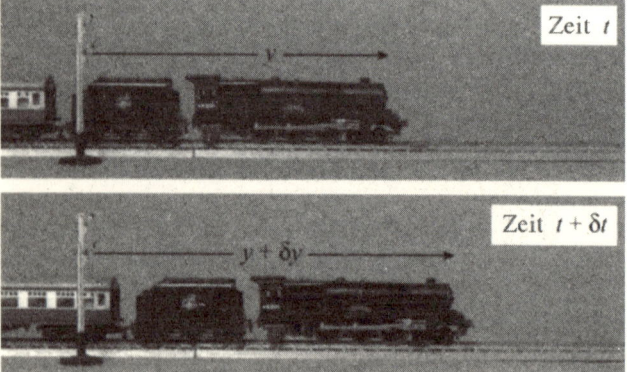

Welchen Wert hat $\dfrac{dy}{dt}$, wenn $y = t^2$ ist?

Nun hat der Zug zur Zeit t die Strecke $y = t^2$ zurückgelegt, und einen Augenblick später, zur Zeit $t + \delta t$, die Strecke $y + \delta y = (t + \delta t)^2$. Die zusätzlich zurückgelegte Strecke δy ist also $(t + \delta t)^2 - t^2$, und das ist dasselbe wie $t^2 + 2t \times \delta t + (\delta t)^2 - t^2$. Es folgt also $\delta y = 2t \times \delta t + (\delta t)^2$. Wenn wir diese zusätzliche Strecke dy durch die zusätzliche Zeit dt dividieren, ergibt sich

$$\frac{\delta y}{\delta t} = 2t + \delta t.$$

Wie oben erwähnt, ist der letzte Schritt dieser Vorgehensweise die Überlegung, was mit der Größe $\dfrac{\delta y}{\delta t}$ passiert, wenn die kleine zeitliche Veränderung δt immer kleiner wird. Wie man leicht sieht, nähert sich $\dfrac{\delta y}{\delta t}$ dann immer mehr dem Wert $2t$.

Aus rein mathematischer Sicht haben wir gezeigt:

$$\text{Wenn } y = t^2, \text{ dann } \frac{dy}{dt} = 2t.$$

G. W. Leibniz (1646–1716), der mit Newton und anderen die Infinitesimalrechnung erfand, wie wir sie heute kennen.

Aus eher praktischer Sicht haben wir die Geschwindigkeit des Zuges berechnet. Zur Zeit t hat er die Geschwindigkeit $2t$.

y	$\dfrac{dy}{dt}$
1	0
t	1
t^2	$2t$
t^3	$3t^2$
t^4	$4t^3$
t^5	$5t^4$

Ähnliche Methoden dienen zur Berechnung der zeitlichen Veränderungen anderer Größen y. Der Vorgang heißt *Differentiation*, und die links stehende Tabelle zeigt einige Beispiele.

Die Ergebnisse folgen offenbar einem einfachen Muster, und es ist tatsächlich wahr,

$$\text{dass } \frac{dy}{dt} = 6t^5, \text{ wenn } y = t^6 \text{ gilt,}$$

»Sagen Sie uns doch bitte in einfachen Worten, was Ihr Durchbruch bedeutet.« – »Gewiss doch.«

und so weiter. Am Ende des Buches werden wir genau diese Eigenschaft nutzen, um zu einer verblüffenden Erkenntnis zu gelangen.

Im Augenblick jedoch kommt es uns auf die allgemeine *Idee* der Infinitesimalrechnung an, die ich, aus meiner Sicht, soeben exakt und kompromisslos dargestellt habe.

Zusammengefasst bezeichnen also Mathematiker den *Verlauf* der zeitlichen Veränderung einer Größe y mit dem Symbol $\frac{dy}{dt}$. *Tatsächlich ist* $\frac{dy}{dt}$ selbst ein Symbol, das für »zeitliche Veränderung von« steht.

Immer wenn y im Lauf der Zeit langsam zunimmt, ist $\frac{dy}{dt}$ klein, und immer wenn y rasch anwächst, ist $\frac{dy}{dt}$ groß. Und wenn y im Lauf der Zeit abnimmt, ist $\frac{dy}{dt}$ negativ.

Wir können die zeitliche Veränderung von y näherungsweise folgendermaßen beschreiben:

$$\frac{dy}{dt} \approx \frac{\text{kleine Zunahme in } y}{\text{kleine Zunahme in } t}$$

Die Wahrheit jedoch ist, wie wir sahen, etwas komplizierter.

Nach ihrem ersten Aufkommen im 17. Jahrhundert haben all diese Ideen allmählich so viele neue Forschungsgebiete eröffnet, dass weder Mathematik noch Physik je wieder so waren wie zuvor.

Kapitel 7

Möglichst minimal

Wir beginnen mit einem einfachen Experiment.

Dazu tauchen wir eine beliebig geformte Drahtschlinge in eine Schale mit Seifenwasser (oder Spülmittel); beim Herausnehmen spannt sich ein dünnes Häutchen zwischen dem Draht.

Dieses Seifenhäutchen kann ziemlich kompliziert sein, hat aber immer dieselbe interessante Eigenschaft: Es nimmt eine Form an, deren Fläche *möglichst minimal* ist.

Oft haben mathematische Probleme der Art »*Man finde die kleinste* (oder auch größte) …« besonderen Reiz, weil die Antworten sehr elegant und befriedigend sein können.

Hier ein einfaches Beispiel. Man stelle sich vor, ein Cowboy kehre nach einem langen Tag draußen in der Prärie zur Farm zurück. Vorher, so beschließt er plötzlich, will er sein Pferd am Fluss trinken lassen.

Die Frage ist: Wie muss er es anstellen, *wenn der gesamte Heimweg möglichst kurz sein soll*? Anders gesagt: Welchen Punkt am Ufer sollte er auswählen, um die Gesamtstrecke für den Heimweg auf ein Minimum zu reduzieren?

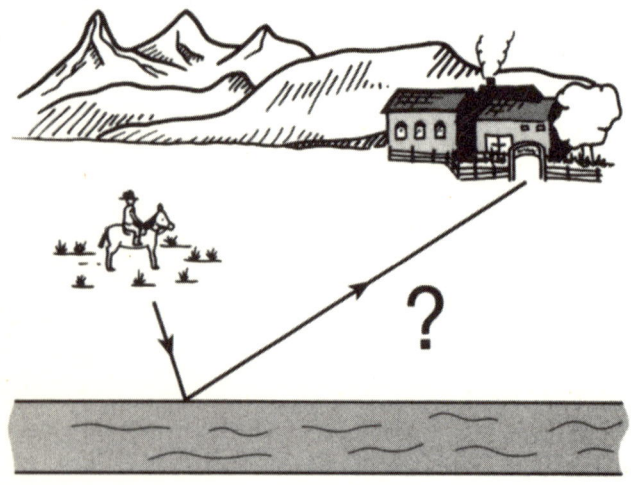

Die Antwort lautet: Der »Abstecher« und der Weg zurück zur Farm sollten so gewählt werden, dass *ihre Winkel zum Fluss gleich groß sind*.

Man kann es sich leicht machen, wenn man einen kleinen Trick anwendet und sich vorstellt, die Farm F läge – in gleicher Entfernung – nicht auf diesem, sondern *auf dem gegenüberliegenden Flussufer*, bei F'. Dann sind die Entfernungen PF und PF' gleich, unabhängig davon, an welchem Punkt P der Cowboy sein Pferd trinken lässt. Das Problem, den Punkt P so zu wählen, dass CP + PF möglichst klein ist, ist also gleichwertig mit dem Problem, P so zu wählen, dass CP + PF' minimal ist.

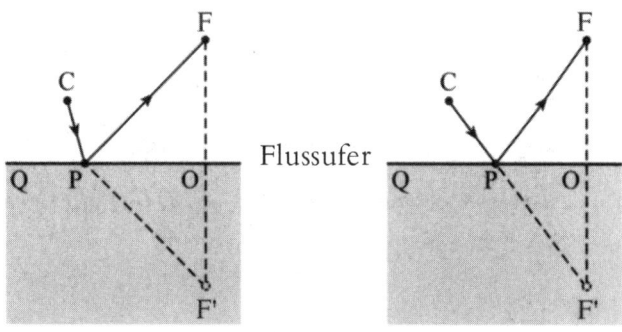

Dieses »neue« Problem lässt sich leicht lösen, denn wir brauchen nur P so zu wählen, dass CPF' auf einer Geraden liegen. In dem Fall sind die Winkel OPF' und QPC gleich. Da die Winkel OPF' und OPF *unabhängig* davon, wo der Punkt P am Ufer gewählt wird, gleich sind, ist der Weg CP + PF am kürzesten, wenn der Winkel QPC so groß ist wie der Winkel OPF.

Raffinierte Argumentationen wie diese sind schön und gut, aber Mathematiker brauchen allgemeine Verfahren zur Bestimmung von Extremwerten, und eines der besten dieser Verfahren setzt *Infinitesimalrechnung* voraus.

Um das zu verstehen, stelle man sich vor, ein Bauer habe 4 km Zaun zur Verfügung und möchte damit ein rechteckiges Feld so abstecken, dass die umzäunte Fläche möglichst groß ist.

Wenn zwei Seiten des Rechtecks die Länge x haben, bleibt den beiden anderen die Länge $2 - x$, also ist die Fläche $x(2 - x)$, was sich als $2x - x^2$ schreiben lässt.

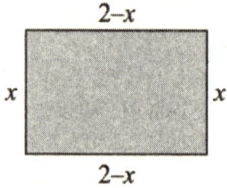

Das Problem des Bauern läuft also darauf hinaus, den x-Wert zu finden, für den

$$y = 2x - x^2$$

möglichst groß ist.

Und hier kommt die Infinitesimalrechnung ins Spiel, denn eine Veränderung von x bewirkt eine Veränderung von y, und mit Hilfe der Methoden aus Kapitel 6 können wir die Veränderung von y in Abhängigkeit der Veränderung von x herleiten:

$$\frac{dy}{dx} = 2 - 2x$$

Solange x kleiner ist als 1, ist $\frac{dy}{dx}$ positiv und y nimmt mit wachsendem x zu. Für x größer als 1 aber ist $\frac{dy}{dx}$ negativ und y nimmt mit wachsendem x ab. Das hilft uns nicht nur dabei, den Graphen von y gegen x zu zeichnen,

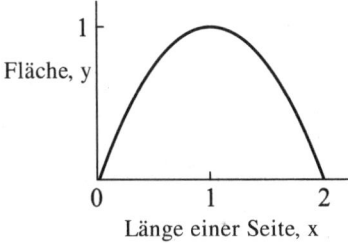

sondern zeigt auch, dass y den größten Wert hat, wenn

$$\frac{dy}{dx} = 0,$$

also wenn $x = 1$, denn das ist der Punkt, von dem an y mit x nicht länger zu-, sondern abnimmt.

Wir nennen $\frac{dy}{dx}$ die *Steigung* der Kurve im Punkt x. Die Steigung misst sozusagen die Steilheit der Kurve, und in diesem Fall ist sie positiv, bis sie bei $x = 1$ negativ wird.

Da die Seiten des Feldes die Länge x und $2 - x$ haben, führt $x = 1$ zu einem quadratischen Feld.

Also ist ein quadratisches Feld »optimal«.

Bei beiden bisher betrachteten Problemen ging es darum, eine *Zahl* zu finden – im ersten Fall die Entfernung zum Uferpunkt P und im zweiten den Wert von x.

Gelegentlich stellt sich in der Mathematik jedoch die Aufgabe, eine ganze *Kurve* oder gar *Fläche* zu finden, die einen besonders großen oder kleinen Wert annehmen.

Nehmen wir beispielsweise an, wir tauchten zwei Drahtschlingen in Seifenwasser. Beim Herausnehmen spannt sich zwischen den Ringen ein Seifenhäutchen, das, wie schon erwähnt, nach einer möglichst kleinen Oberfläche strebt. Wir fragen nun: Wie können wir, wenn Radius und Abstand der Ringe voneinander vorgegeben sind, mit Hilfe der Mathematik die Form des Seifenfilms bestimmen, dessen Fläche möglichst klein ist?

Dies ist ein schwieriges Problem, das am besten mit Hilfe eines ziemlich raffinierten Zweigs der Höheren Mathematik zu lösen ist, der sogenannten *Variationsrechnung*.

Das Gleiche gilt für ein anderes berühmtes Problem, das der Schweizer Mathematiker Johann Bernoulli 1696 aufwarf.

In diesem Fall gleitet zwischen zwei gegebenen Punkten A und B eine Perle einen Draht hinunter:

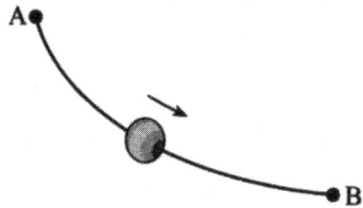

Die Perle wird nicht »angestoßen«, sondern befindet sich zu Beginn in Ruhe und gleitet aufgrund ihres Gewichts nach unten. Wir nehmen außerdem an, dass es keine Reibung gibt.

Die Frage lautet nun: Bei welcher Kurvenform gleitet die Perle *in möglichst kurzer Zeit* von A nach B?

(Die Vermutung, es sei die Gerade durch A und B, ist verführerisch, aber irrig. Die Gerade schafft zwar eindeutig die *kürzeste* Verbindung, nicht aber die schnellste.)

Bernoulli kannte die Lösung, forderte die Mathematiker seiner Zeit zum Kollegenduell. Dem Marquis de l'Hospital zum Beispiel gefiel das und er schrieb ihm sofort zurück:

»Dieses Problem scheint mir eins der seltsamsten und schönsten, die je gestellt wurden, und ich würde mich ihm sehr gerne widmen, aber dazu müssen Sie es erst auf reine Mathematik reduzieren, denn Physik macht mir Mühe ...«

Isaac Newton stellte sich der Herausforderung nicht ganz so bereitwillig und soll gemurmelt haben, er habe es gar nicht gern, »wenn Ausländer ihn mit mathematischen Dingen belästigen.«

Die Lösung des Problems ist eine Zykloide. Das ist die Kurve, die ein Punkt auf dem Rand eines Rades beschreibt, das über eine ebene Fläche rollt.

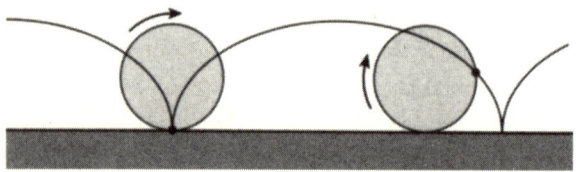

Es geht also darum, eine Zykloide richtiger Größe zu konstruieren, sie nach unten zu drehen und dann durch die vorgegebenen Punkte A und B zu legen:

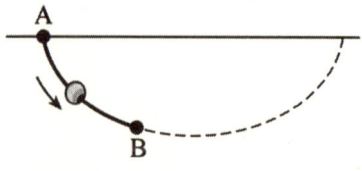

Besonders seltsam ist, dass A und B relativ zueinander so liegen können, dass die Kurve der kürzesten Zeitbahn zunächst *unterhalb* von B verläuft, bevor sie danach wieder ansteigt:

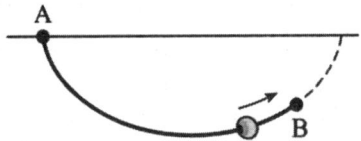

Wir schließen dieses Kapitel mit einem Problem, das harmlos *klingt*, aber so kompliziert ist, dass ihm in seiner allgemeinsten Form selbst die schnellsten Computer oft nicht gewachsen sind.

Das Problem lautet: Wie verbindet man eine Anzahl von Städten mit einem Straßennetz, dessen Gesamtstrecke minimal ist?

Um ein Gefühl für die Komplexität des Problems zu bekommen, betrachten wir den »einfachen« Fall von vier Städten A, B, C und D, die der Bequemlichkeit halber an den Ecken eines Quadrats der Seitenlänge 1 liegen.

Da lediglich sicher gestellt werden soll, dass die Menschen von jeder Stadt aus jede andere Stadt erreichen können, legen wir ein Straßensystem aus drei Strecken an:

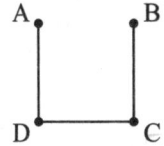

Dieses »Netz« mit einer Länge von drei Einheiten ist jedoch sicherlich nicht das kürzeste. Nach ein paar weiteren Versuchen fällt uns auf, dass wir der Lösung sehr viel näher kommen, wenn wir eine Kreuzung einbauen und die Diagonalen nutzen:

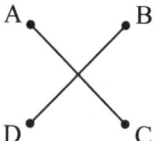

In diesem Fall haben AC und BD nach dem Satz des Pythagoras eine Länge von $\sqrt{2}$, und das neue Netz hat eine Gesamtlänge $2\sqrt{2} = 2{,}83$.

Das führt natürlich sofort zu der Frage, ob wir mit mehr als einem Schnittpunkt noch besser fahren. Und wenn ja, dann wieviele und wo genau?

Dies sind nun wirklich schwierige Fragen, und eine Möglichkeit, mit ihnen umzugehen, ist das *Schummeln* mit Hilfe von Seifenhäutchen.

Nehmen wir also an, wir verbinden zwei parallele Plexiglasplatten mit vier Nadeln, die die Ecken eines Quadrats bilden. Jedesmal, wenn wir diesen Apparat in eine Schale mit Seifenwasser tauchen und wieder herausnehmen, erhalten wir eine Seifenhaut, deren Oberfläche etwas kleiner ist als die jeder denkbaren benachbarten Fläche. Jedesmal also erhalten wir, anders gesagt, einen ernsthaften *Kandidaten* für die Lösung unseres Straßennetz-Problems.

Und früher oder später spannt sich zwischen den Glasscheiben eine besonders klare Anordnung der Seifenhäute:

Möglichst minimal

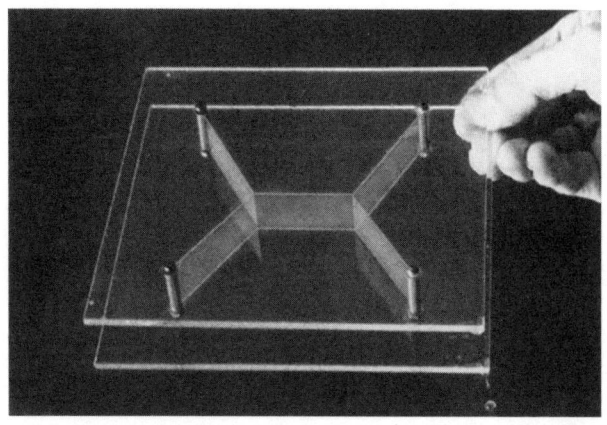

Der streng mathematische Beweis ist nicht einfach, tatsächlich aber ist dies die Lösung unseres Verbindungsproblems: fünf Strecken und zwei Kreuzungen im Winkel von 120°.

Die Gesamtlänge des Netzwerks beträgt $1 + \sqrt{3} = 2{,}73$ Einheiten, und ein kürzeres gibt es nicht.

Kapitel 8

»Sind wir bald da?«

In der Mathematik gibt es häufig Prozesse, die *endlos* andauern, und wenn es sie nicht gäbe, wäre das Fach insgesamt ein völlig anderes.

Man betrachte zum Beispiel die »Summe«

$$\frac{1}{2} + \frac{1}{4} + \frac{1}{8} + \frac{1}{16} + \ldots$$

Die Punkte zeigen an, dass wir weitere Glieder hinzuaddieren sollen, *ohne je damit aufzuhören.*

Auf den ersten Blick mag es so aussehen, als sei diese »Summe« unendlich, weil jeder Summand eine positive Zahl ist und wir unendlich viele positive Zahlen addieren.

Aber stellen wir uns zum Beispiel vor, wir zerschneiden eine Torte und nehmen zuerst die Hälfte, dann ein Viertel, dann ein Achtel und so weiter:

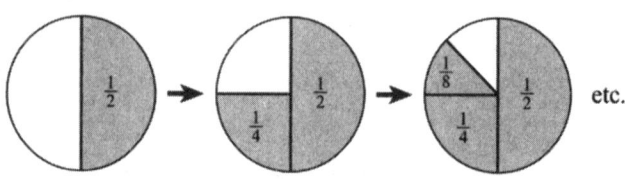

Man sieht sofort, dass man bei diesem Verfahren mit jedem Stück, das wir wegnehmen, den Rest, der gerade noch da war, halbieren.

Plötzlich ist zweierlei klar. Erstens bekommen wir auf diese Weise niemals den ganzen Kuchen. Zweitens jedoch bekommen wir *soviel davon, wie wir wollen, wenn wir nur ausreichend viele Stücke nehmen.*

Genau das meinen Mathematiker im Wesentlichen, wenn sie sagen, dass

$$\frac{1}{2} + \frac{1}{4} + \frac{1}{8} + \frac{1}{16} + \ldots$$

gegen den Wert 1 konvergiert.

In diesem Sinn kann eine unendliche Reihe positiver Summanden eine endliche »Summe« haben.

Doch leider gilt das nicht immer, und berühmtes warnendes Beispiel ist die Reihe

$$\frac{1}{2}+\frac{1}{3}+\frac{1}{4}+\frac{1}{5}+\frac{1}{6}+\ldots$$

Wieder ist jeder Summand kleiner als der vorangehende, hier aber werden die Glieder *nicht schnell genug kleiner,* und die Reihe konvergiert nicht gegen eine endliche Summe.

Zeigen kann man das auf eine sehr einfache und elegante Weise. Wir brauchen die Reihenglieder nur anders zu ordnen, und zwar so:

$$\frac{1}{2}$$

$$+\frac{1}{3}+\frac{1}{4}$$

$$+\frac{1}{5}+\frac{1}{6}+\frac{1}{7}+\frac{1}{8}$$

$$+\frac{1}{9}+\frac{1}{10}+\frac{1}{11}+\frac{1}{12}+\frac{1}{13}+\frac{1}{14}+\frac{1}{15}+\frac{1}{16}$$

$$\vdots$$

Jede neue Gruppe hat also doppelt so viele Glieder wie die vorangehende. Jetzt sieht man,

dass $\frac{1}{3} + \frac{1}{4}$ größer ist als $\frac{1}{4} + \frac{1}{4} = \frac{1}{2}$, dass die nächste

Gruppe größer ist als $+\frac{1}{8} + \frac{1}{8} + \frac{1}{8} + \frac{1}{8} = \frac{1}{2}$ und dass die

wieder nächste größer ist als $8 \cdot \frac{1}{16} = \frac{1}{2}$ und so weiter.

Da $\frac{1}{2} + \frac{1}{2} + \frac{1}{2} + \ldots$ nicht gegen einen endlichen Wert

konvergiert, folgt, dass auch die fragliche Reihe keine endliche Summe haben kann.

Wir sehen: So interessant unendliche Reihen auch sein mögen, man tut gut daran, vorsichtig mit ihnen umzugehen.

Sehr vorsichtig.

Unendliche Prozesse können auch auf ganz andere Weise ins Spiel kommen, nämlich beim Problem der *Flächenmessung*.

Stellen wir uns beispielsweise vor, wir wollten die Fläche eines Gebietes mit einer gekrümmten Grenzlinie bestimmen. Dabei ist zum einen nicht klar, was genau das bedeutet, und erst recht ist zum anderen unklar, wie wir rechnerisch vorgehen sollen.

Hingegen bereitet es uns keinerlei Schwierigkeit, die Fläche eines Rechtecks zu ermitteln. Deshalb bietet sich die Möglichkeit an, das fragliche Gebiet mit vielen schmalen Rechtecken zu füllen.

Einigermaßen offensichtlich ist auch, dass die Messung umso genauer wird, je mehr Rechtecke wir haben und je schmaler sie sind.

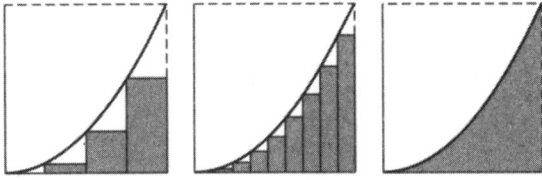

Auf diese Weise stoßen wir erneut auf einen mathematischen Vorgang, der sich in gewisser Weise endlos fortsetzt.

Unendliche Vorgänge in der Mathematik tauchen jedoch nicht nur bei der Summierung von Reihen oder der Messung von Flächen auf. Sie begegnen uns im Prinzip schon in dem Augenblick, in dem wir ernsthaft über das Wesen der *Zahl* selbst nachdenken.

Denn Mathematiker stellen sich ihre Zahlen gern als Punkte auf einer *Zahlengeraden* vor, auf der jede einzelne Zahl ihren angestammten Platz hat.

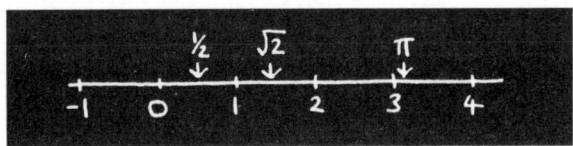

Zuerst kommen die *ganzen Zahlen:* $0, \pm 1, \pm 2, \ldots$ Dann erzeugen wir weitere Zahlen, etwa $\frac{7}{2}$, indem wir jede dieser Einheiten in zwei gleiche Hälften zerteilen. Dann erzeugen wir wiederum weitere solcher *Brüche*, indem wir jede Einheit in drei gleiche Teile zerlegen ... und so weiter.

Jetzt könnte man denken, dass wir mit dieser Methode – wenn wir jede Einheit in immer mehr immer kleinere *gleiche* Teile zerlegen – am Ende *alle* Zahlen der Zahlengeraden erfassen können.

Können wir aber nicht.

Obwohl man das Verfahren »endlos« fortsetzen kann, erhalten wir auf diese Weise nur die so genannten rationalen Zahlen, also Zahlen, die sich als Bruch von zwei ganzen Zahlen schreiben lassen. Irgendwann stellt man allerdings fest, dass es andere, so genannte *irrationale Zahlen* gibt, die sich so nicht schreiben lassen.

Eine davon ist $\sqrt{2}$.

Der Nachweis ist ein klassisches Beispiel für einen Beweis durch Widerspruch. Nehmen also an, wir *könnten* $\sqrt{2}$ als Bruch schreiben. Dann kürzen wir diesen Bruch so lange, bis Zähler und Nenner keinen gemeinsamen Faktor mehr aufweisen, und erhalten den Ausdruck $\sqrt{2} = \frac{m}{n}$ wobei m und n teilerfremde ganze Zahlen sind, die keinen gemeinsamen Faktor haben.

Zum erforderlichen Widerspruch kommen wir, wenn wir zunächst beide Seiten quadrieren. Dann erhalten wir $2 = \frac{m^2}{n^2}$. Demnach ist m^2 das Doppelte einer ganzen Zahl, also ist m^2 gerade. Daraus folgt, dass m ebenfalls *gerade sein muss* (denn wäre m ungerade, wäre m^2 ungerade, weil das Produkt einer ungeraden Zahl mit einer ungeraden Zahl ungerade ist).

Wenn m aber gerade ist, können wir auch $m = 2r$ schreiben, wobei r eine ganze Zahl ist. Die Gleichung $m^2 = 2n^2$ lässt sich dann umschreiben als $4r^2 = 2n^2$, d. h. $n^2 = 2r^2$. Also ist n^2 gerade und mit derselben Begründung wie oben *muss n gerade sein.*

Damit haben wir den Widerspruch: m und n hatten zu Beginn keinen gemeinsamen Faktor, müssen jetzt aber beide durch 2 teilbar sein, weil sie beide gerade sind.

Der einzige Ausweg aus dieser absurden Lage besteht in der Schlussfolgerung, dass die ursprüngliche Annahme, $\sqrt{2}$ ließe sich als Bruch von zwei ganzen Zahlen schreiben, falsch ist.

Also ist $\sqrt{2}$ eine irrationale Zahl, und es gibt viele weitere, die eigentlich nicht weiter aufregend oder sonderbar sind. Es gibt sogar weitaus »mehr« irrationale Zahlen als rationale. Man muss jedoch erst eine Weile darüber nachdenken, wenn man die Bedeutung dieser Aussage verstehen will, denn schließlich vergleichen wir hier zwei Dinge, die beide unendlich sind.

Gelegentlich geht in der Mathematik ein unendlicher Vorgang sogar in die logische Beweisführung ein. Das geschieht zum Beispiel bei einer sehr wirkungsvollen Methode, die man *Beweis durch Induktion* nennt.

Ganz grob kann man sagen, dass diese Methode gewisse Ähnlichkeiten mit einer Eisenbahn hat. Viele Waggons sind miteinander verbunden, eine Lokomotive zieht am ersten Waggon, dieser am zweiten und so weiter, bis der ganze Zug in Bewegung ist.

Hier ein Beispiel. Es gibt eine einfache Formel für die Summe der ersten n ganzen Zahlen:

$$1 + 2 + 3 + 4 + \ldots + n = \frac{1}{2} n (n+1)$$

Nach dieser Formel beträgt die Summe der ersten 10 ganzen Zahlen

$$\frac{1}{2} \cdot 10 \cdot 11 = 55$$

Der Nachweis ist einfach, weil man die Zahlen im Kopf zusammenrechnen kann. Aber wie können wir beweisen, dass diese Formel für jede ganze Zahl n richtig ist?

Nehmen wir an, wir wüssten bereits, dass sie für eine *bestimmte* ganze Zahl $n = p$ zutrifft. Dann können wir, einfach durch Addition eines weiteren Gliedes, herleiten, dass für die Summe der ersten p + 1 Glieder gilt:

$$1 + 2 + 3 + 4 + \ldots + p + (p + 1) = \frac{1}{2} p (p + 1) + (p + 1)$$

Bei dieser Gleichung ist besonders die rechte Seite interessant, denn mit ein bisschen Algebra können wir sie in die Form

$$\frac{1}{2} (p + 1)(p + 2) \text{ bringen.}$$

Das wiederum entspricht exakt der Ausgangsformel

$$\frac{1}{2} n (n+1) \text{ mit } n = p + 1 \text{ statt } n = p.$$

Wir haben, mit anderen Worten, gezeigt, dass die Formel, wenn sie für eine bestimmte ganze Zahl *n* wahr ist, *auch für die nächste gilt.*

An diesem Punkt sind sozusagen alle Waggons aneinander gekoppelt, und wir brauchen nur noch die Lokomotive zu starten.

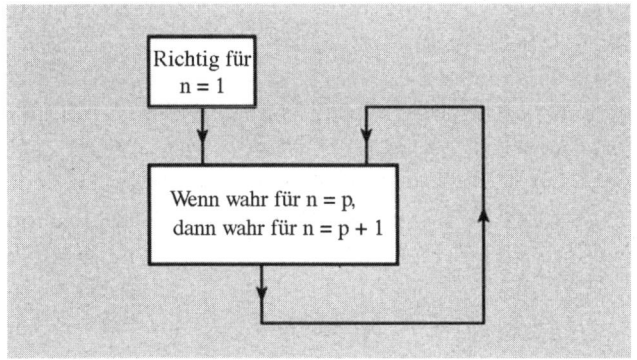

Beweis durch Induktion

Um das zu tun, stellen wir einfach fest, dass die Formel für *n* = 1 auf jeden Fall gilt, weil die »Summe« dann nur ein Glied hat, nämlich 1, und weil

$$\frac{1}{2}n(n+1) = \frac{1}{2} \cdot 1 \cdot 2$$

tatsächlich 1 ist. Aus dem eben Gezeigten folgt, dass die Formel auch für $n = 2$ gilt, und weil sie für $n = 2$ gilt, muss sie auch für $n = 3$ wahr sein und so weiter.

Also ist für alle positiven Zahlen n die Summe der ersten n ganzen Zahlen

$$\frac{1}{2} n (n + 1).$$

Dieses Ergebnis lässt sich auch mit anderen, nicht weniger interessanten Mitteln beweisen, doch die Idee des Beweises durch Induktion ist sehr verbreitet und findet immer wieder und in allen möglichen Zweigen der Mathematik zahllose Anwendungen, selbst auf allerhöchstem Niveau.

Kapitel 9

Eine kurze Geschichte von π

Bei der ersten Begegnung mit der Zahl $π = 3{,}14159\ldots$ dreht sich alles um den Kreis. Insbesondere gilt für einen Kreis mit dem Radius r:

$$\text{Umfang} = 2πr,$$

und

$$\text{Fläche} = πr^2.$$

Die erste dieser beiden Formeln besagt mehr oder weniger, was wir mit der Zahl $π$ *meinen*. Denn wenn wir es für »offensichtlich« halten, dass der Kreisumfang proportional zum Kreisdurchmesser ist, muss das Verhältnis von Umfang zu Durchmesser eine einzige, für alle Kreise gleiche Zahl sein. Eben diese Zahl nennen wir π. Wir *definieren*, anders gesagt, π als diese Zahl, und da der Durchmesser eines Kreises doppelt so groß ist wie sein Radius, also 2r, folgt daraus unmittelbar die Formel: *Umfang* = 2πr.

Die zweite Formel, *Fläche* = πr², besagt jedoch etwas ganz anderes. In unserer Definition von π kam der Begriff Fläche überhaupt nicht vor. Diese Formel ist einfach, jedoch alles andere als offensichtlich.

Warum ist sie dann richtig?

Beginnen wir, indem wir dem Kreis ein Vieleck mit *N* gleichen Seiten einschreiben:

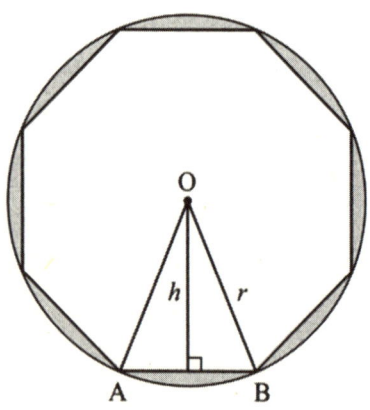

Ein solches Polygon besteht aus *N* Dreiecken wie OAB, wobei O die Kreismitte bezeichnet. Die Fläche jedes dieser Dreiecke ist die Hälfte der »Grundlinie« $\overline{AB}$ mal »Höhe« h. Die Gesamtfläche des Polygons entspricht dem N-fachen davon, also $\frac{1}{2} \cdot \overline{AB} \cdot h \cdot N$. $\overline{AB} \cdot N$ aber ist die Länge des Umfangs des Polygons, und damit gilt:

Fläche des Polygons = $\frac{1}{2} \cdot$ *Umfang* des Polygons $\cdot h$

Schließlich überlegen wir, was geschieht, wenn N immer größer wird, das Polygon also eine endlos steigende Anzahl von immer kürzeren Seiten hat und deshalb einem Kreis immer mehr ähnelt:

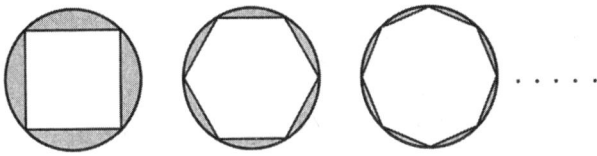

Wenn wir dieses Spiel fortsetzen, nähert sich der Umfang des Polygons immer stärker dem Umfang des Kreises, also $2\pi r$, und h immer mehr dem Kreisradius r. Die Fläche des Polygons kommt schließlich dem Wert $\frac{1}{2} \cdot 2\pi r \cdot r$ immer näher.

Aus diesem Grund ist die Kreisfläche πr^2.

Natürlich gibt es für die Zahl π zahlreiche praktische Anwendungen.

Denken wir uns beispielsweise eine zylindrische Suppendose mit dem Radius r und der Höhe H. Kein Wunder, dass in den Formeln für Volumen und Oberfläche einer Dose π vorkommt.

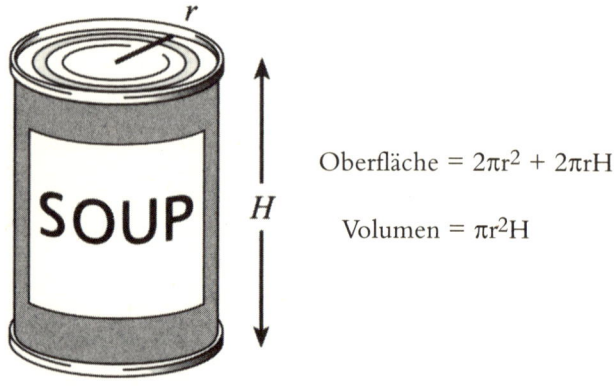

Oberfläche = $2\pi r^2 + 2\pi rH$

Volumen = $\pi r^2 H$

Sofort liegt eine Frage zur Wirtschaftlichkeit nahe: Welche Form geben wir der Dose, die bei vorgegebenem Volumen *möglichst wenig Material* braucht? Sollte sie also, damit die Oberfläche minimal ist, lieber hoch und dünn oder eher flach und dick sein?

Dies Problem lässt sich mit Hilfe der in Kapitel 7 beschriebenen Differentialrechnung lösen. Es zeigt sich, dass bei vorgegebenem Volumen die Oberfläche dann am kleinsten ist, wenn man $2r = H$ wählt, wenn also Durchmesser und Höhe der Dose gleich sind.

Genau diese Form haben in meiner Küche interessanterweise die Dosen für Erdnüsse, nicht aber die für Suppen.

Der Grund blieb mir bisher leider verborgen. Außerdem geht es bei π ohnehin nicht wirklich um Suppe. Ganz allgemein geht es nicht einmal um Kreise.

Tatsächlich hat π die Angewohnheit, überall in der Mathematik aufzutauchen, auch wenn kein einziger Kreis in Sicht ist.

Um herauszufinden, worum es bei π wirklich geht, lohnt es, die vielen Bemühungen anzusehen, die im Lauf der Geschichte zur Bestimmung des genauen Zahlenwerts unternommen wurden.

Die älteste bekannte Schätzung von π ist

$$\left(\frac{4}{3}\right)^4 = 3{,}16\ldots$$

Sie findet sich im Papyrus Rhind, datiert auf 1650 v. Chr. In der Antike benutzte man jedoch überall die gröbere Näherung $\pi = 3$, die auch im Alten Testament vorkommt:

Und er machte ein Meer, gegossen, von einem Rand zum anderen zehn Ellen weit, rundumher, und fünf Ellen hoch, und eine Schnur dreißig Ellen lang war das Maß ringsum.   *1. Könige 7,23*

Der erste wirklich systematische Versuch, den Wert von π zu berechnen, stammt mit hoher Wahrscheinlichkeit von Archimedes, der dem Kreis Polygone mit 96 Seiten sowohl einschrieb als auch umschrieb, wodurch er zeigen konnte, dass π größer ist als $3\frac{10}{71}$ aber kleiner als $3\frac{1}{7}$. Diese obere Grenze von $\frac{22}{7}$ diente noch Jahrhunderte später in elementaren Lehrbüchern als Näherung für π.

Auf die erste exakte Formel für π kam 1593 der große französische Mathematiker François Viète:

$$\frac{2}{\pi} = \frac{\sqrt{2}}{2} \cdot \frac{\sqrt{2+\sqrt{2}}}{2} \cdot \frac{\sqrt{2+\sqrt{2+\sqrt{2}}}}{2} \ldots$$

Auch er leitete dieses erstaunliche unendliche Produkt aus der Betrachtung von Polygonen ab. Die Quadratwurzeln machen die Berechnung recht mühsam, ermöglichten aber schon zu Zeiten Viètes eine Berechnung von π auf 14 Stellen nach dem Komma:

$$\pi = 3{,}14159265358979 \ldots$$

Die gesamte Herangehensweise änderte sich vollständig um die Mitte des 17. Jahrhunderts mit der Entwicklung der *Infinitesimalrechnung*, und eine der ersten Formeln für π zu der die neuen Methoden verhalfen, war erneut ein unendliches Produkt:

$$\frac{\pi}{2} = \frac{2}{1} \cdot \frac{2}{3} \cdot \frac{4}{3} \cdot \frac{4}{5} \cdot \frac{6}{5} \cdot \frac{6}{7} \ldots$$

Diese Formel fand 1655 der britische Mathematiker John Wallis. Anders als das Ergebnis von Viète enthält sie keine

Quadratwurzeln, und man kann wesentlich leichter erkennen, dass sich die aufeinanderfolgenden Faktoren immer stärker auf 1 zubewegen, weshalb das unendliche Produkt gegen einen endlichen Wert konvergiert.

Etwas später, 1674, veröffentlichte Leibniz die berühmte unendliche Reihe

$$\frac{\pi}{4} = 1 - \frac{1}{3} + \frac{1}{5} - \frac{1}{7} + \cdots$$

die eine Beziehung zwischen π und den ungeraden Zahlen herstellt. Heute wissen wir, dass indische Mathematiker der Kerala-Schule diese Beziehung – auf ganz andere Art – schon 150 Jahre früher entdeckt hatten.

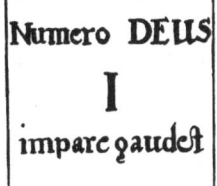 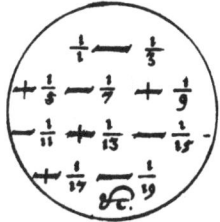

Abbildungen aus Leibniz' Arbeit von 1674. Die Übersetzung lautet vereinfacht: »Gott liebt ungerade Zahlen«.

Trotz ihrer atemberaubenden Einfachheit taugt diese Reihe nicht zur praktischen Berechnung von π weil sie sehr langsam konvergiert. Selbst nach 300 Gliedern ist die Näherung für π weniger gut als der Wert $\frac{22}{7}$, den Archimedes schon 2000 Jahre früher kannte!

Eine weitere berühmte unendliche Reihe, in der π völlig unerwartet in Erscheinung tritt, ist diese:

$$1 + \frac{1}{2^2} + \frac{1}{3^2} + \frac{1}{4^2} + \frac{1}{5^2} + \ldots = \frac{\pi^2}{6}$$

Leonhard Euler fand sie 1736 in einer ungeheuer kühnen Argumentation.

Zu Eulers Zeit war π mit Summierverfahren bis auf etwa 100 Dezimalstellen bestimmt, 1761 jedoch wies Johann Heinrich Lambert endlich nach, was alle längst vermutet hatten: π ist *irrational* und kann als Verhältnis zweier ganzer Zahlen nicht exakt beschrieben werden. Daraus folgt insbesondere, dass die Dezimalentwicklung von π niemals aufhört. Immerhin haben moderne Computer π inzwischen bis auf mehrere Billionen Dezimalstellen bestimmt.

Wenn man jedoch bereit ist, sich mit nur einer oder zwei Stellen nach dem Komma zu bescheiden, ist ein *Wahrscheinlichkeitsansatz* für π einfacher und unterhaltsamer.

Leonard Euler (1707–1783)

Man nehme ein liniertes Blatt Papier mit einem Abstand der Linien von d und lasse eine Stecknadel der Länge d darauf fallen. Die Wahrscheinlichkeit dafür, dass die Nadel eine der Linien kreuzt, beträgt $\frac{2}{\pi}$.

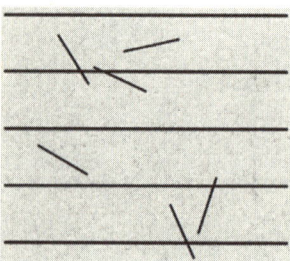

Keine Nadel zur Hand? Man kann auch ein paar Mal eine Münze werfen (naja, man muss es dann schon ziemlich oft tun). Bei $2n$ Würfen ist bei sehr großem n die Wahrscheinlichkeit, genau n mal Kopf und genau n mal Zahl zu werfen, näherungsweise $\frac{1}{\sqrt{n\pi}}$.

Auch keine Münzen zur Hand? Dann kann man auch zwei Freunde bitten, einem sehr viele ganze Zahlen zu nennen. Die Wahrscheinlichkeit, dass irgend zwei zufällig gewählte positive Zahlen keinen anderen gemeinsamen Faktor als 1 haben, beträgt $\frac{6}{\pi^2}$.

Damit haben wir uns – zumindest scheinbar – ziemlich weit entfernt von

$$\pi = \frac{Umfang}{Durchmesser}.$$

Kapitel 10

Good Vibrations

Ich spiele in meiner Freizeit gerne Jazz-Gitarre, und mein großer Held ist Django Reinhardt.

Django war ein belgischer Zigeuner, machte sich ab 1938 mit dem Quintette du Hot Club de France (im Bild oben; Django ist der zweite von rechts) einen Namen als genialer Jazz-Gitarrist. Obwohl er nach einem Wohnwagenbrand zwei seiner Finger nicht mehr bewegen konnte, verfügte er über eine umwerfende Gitarrentechnik und war berühmt für seine mörderisch schnellen Solos. Er konnte aber auch wundervoll langsam und lyrisch spielen; eines meiner Lieblingsstücke ist eine Fassung von »Body and Soul«, die er 1938 in Paris mit dem großen Mundharmonikaspieler Larry Adler einspielte.

Mir ist natürlich klar, dass all dies eher nebensächlich ist, aber ich weiß auch, dass viele meiner Leser meine Liebe zur Musik auf die eine oder andere Art teilen. Und dass Musik im Wesentlichen aus *Vibrationen*, aus Schwingungen besteht, ist nun mal nicht zu leugnen.

Und sobald wir genau genug hinsehen, fällt auf, dass eine bestimmte Art von Schwingung überall auftaucht.

Man nennt sie *Sinuswelle:*

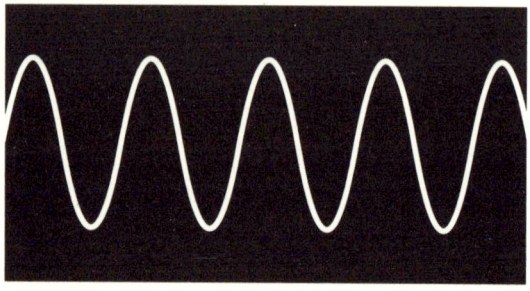

Alles, was mit *Sinus* zu tun hat, stammt jedoch eigentlich aus der Geometrie.

Denken wir uns ein rechtwinkliges Dreieck und nennen einen der kleineren Winkel A. Dann ist der Sinus von A (geschrieben sin A) die Länge der gegenüberliegenden Seite dividiert durch die Länge der längsten Seite, der Hypotenuse.

Entsprechend ist der Cosinus von A das Verhältnis der Länge der anliegenden Seite zur Hypotenuse.

$$\sin A = \frac{gegenüberliegende\ Seite}{Hypotenuse}$$

$$\cos A = \frac{anliegende\ Seite}{Hypotenuse}$$

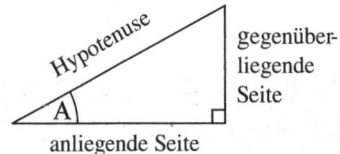

Man beachte, dass es auf die tatsächliche Größe des Dreiecks nicht ankommt; die Größen sin A und cos A hängen allein vom Winkel A ab. Die Art ihrer Abhängigkeit lässt sich graphisch darstellen:

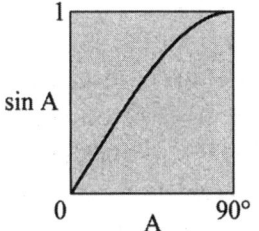
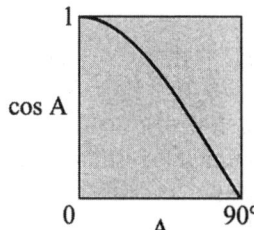

Wenn Mathematiker allerdings Ausdrücke wie sin θ oder cos θ benutzen, stellen sie sich θ nicht wirklich als Winkel vor. Tatsächlich denken sie nicht einmal an Geometrie.

Für sie ist θ einfach nur eine Zahl von beliebiger Größe, und die Größen sin θ und cos θ sind in ihrer Vorstellung durch folgende *Graphen* definiert:

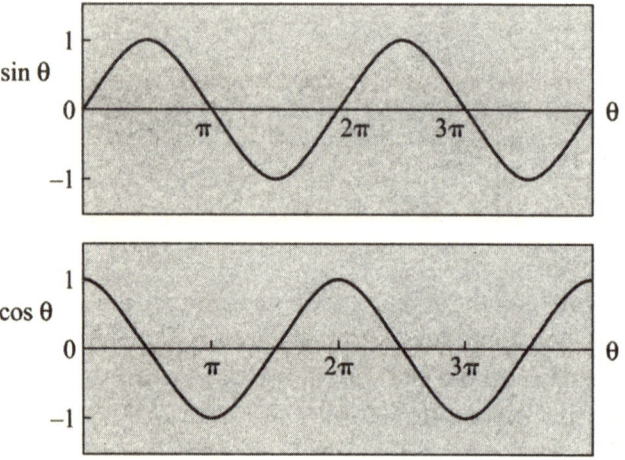

Wichtig ist an diesen Kurven, dass sie zu Beginn mit den voranstehenden übereinstimmen. Sie haben, anders gesagt, zuerst genau dieselbe Form. Dann aber verläuft die Schwingung anders, und auch die Skala ist eine andere. Die Zahl θ braucht nur von 0 auf $\frac{\pi}{2}$ anzuwachsen, damit sin θ von 0 auf 1 anwächst.

Eine erste Verbindung zwischen $\sin\theta$ und $\cos\theta$ fällt unmittelbar ins Auge: Man erhält jede dieser Kurven aus der jeweils anderen, wenn man sie um einen Betrag von $\frac{\pi}{2}$ verschiebt. Erheblich bemerkenswerter jedoch ist eine Beziehung zwischen den beiden Größen, die sich zeigt, wenn wir uns anschauen, wie sie sich in Abhängigkeit von θ verändern.

Denn es stellt sich heraus:

$$\frac{d}{d\theta}(\sin\theta) = \cos\theta$$

Anders gesagt: Mit wachsendem θ nimmt $\sin\theta$ genau um $\cos\theta$ zu! Und das gilt »fast« auch andersherum, aber nicht ganz:

$$\frac{d}{d\theta}(\cos\theta) = -\sin\theta$$

Eine Bestätigung (nicht jedoch ein Beweis) lässt sich an den Kurven selbst ablesen. Denn immer wenn $\cos\theta$ positiv ist (etwa bei $\theta = 0$), nimmt $\sin\theta$ tatsächlich mit θ zu. Und auch das Minuszeichen der zweiten oberen Gleichung leuchtet ein, denn immer wenn $\sin\theta$ positiv ist (etwa bei $\theta = \frac{\pi}{2}$) nimmt $\cos\theta$ mit wachsendem θ ab.

Diese Ergebnisse stellen die wohl tiefste und weit reichendste Verknüpfung von $\sin\theta$ und $\cos\theta$ dar. Wir werden sie ganz am Ende des Buchs auf eine recht spektakuläre Weise verwenden.

Zunächst aber drängt sich die Frage auf: Was hat das alles mit *Schwingungen* zu tun?

Um sie zu beantworten, greife ich zu einem ziemlich alten und ramponierten Kinderspielzeug, das ich aufbewahrt habe – es ist eine »Spinne«, die an einer langen Feder von der Decke hängt:

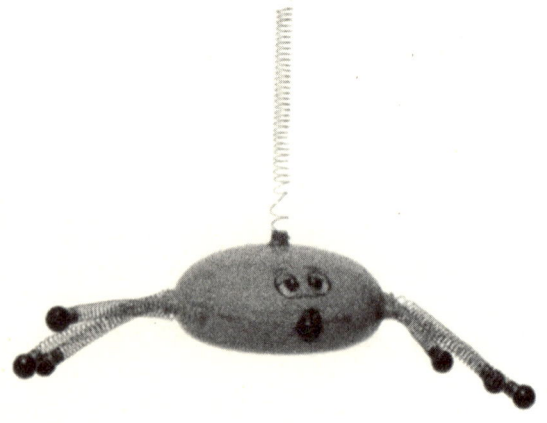

Wenn ich diese Spinne einige Zentimeter anhebe und wieder loslasse, fällt sie zunächst unter die Ausgangsposition, steigt dann höher als zu Beginn, fällt wieder und so weiter, bis die Reibung mit der umgebenden Luft die Schwingung allmählich ausbremst.

Der Witz an der Sache ist jedoch dieser: Wenn ich die Verschiebung der Spinne gegen den Zeitverlauf in ein Diagramm zeichne – und dabei den Reibungsverlust großzügig vernachlässige –, erhalte ich exakt eine Cosinuskurve:

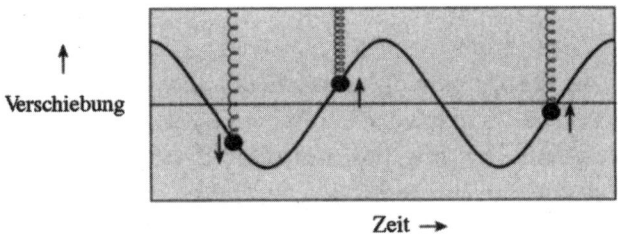

Dabei ist an meiner Spielzeugspinne, auch wenn es nicht so aussieht, nichts »Besonderes«. Zahllose andere physikalische Systeme schwingen, wenn sie in ihrem stationären oder Gleichgewichtszustand etwas gestört werden, auf genau dieselbe Art: Die Verschiebung folgt einer Sinus- oder Cosinuskurve, wenn ihr Verlauf in Abhängigkeit von der Zeit aufgezeichnet wird.

Das bringt uns zurück zur Gitarre und ihren Saiten.

Wenn man eine Gitarrensaite zupft, schwingt sie normalerweise sehr kompliziert.

Dennoch gibt es bestimmte, ganz eigene »Schwingungsmodi«, bei denen die Oszillation sehr einfach ist und alle Teile der Saite sozusagen »im Gleichschritt«, in ein und derselben Frequenz schwingen.

Wenn genau das passiert und wir dann die Verschiebung eines bestimmten Teils der Saite gegen den Zeitverlauf aufzeichnen, erhalten wir eine Sinus- oder Cosinuskurve.

Und was noch bemerkenswerter ist: Wenn wir die ganze Saite dann zu einem beliebigen Zeitpunkt photographieren, stimmt die sichtbare *Form* derselben exakt mit einer Sinuskurve überein!

Im einfachsten Schwingungsmodus – beim so genannten Grundton – schwingen alle Teile der Saite in jedem Augenblick in dieselbe Richtung, und die größte Verschiebung ereignet sich in der Mitte.

Die Frequenz im nächsten Schwingungsmodus – der so genannten ersten Teilschwingung – ist doppelt so groß wie die des Grundtons und klingt eine Oktave höher. In diesem Modus schwingt in jedem Moment die eine Hälfte der Saite in eine Richtung und die andere in die entgegen

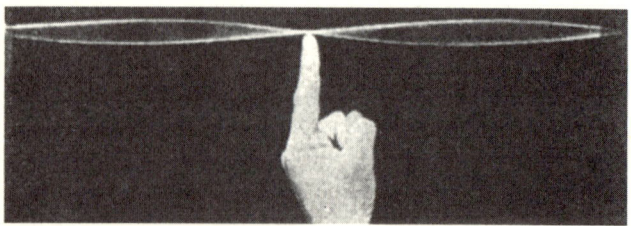

gesetzte. Und in der Mitte der Saite bildet sich ein *Knoten* – ein Punkt, in dem die Verschiebung immer gleich null ist.

Entsprechend schwingt die zweite Teilschwingung mit der dreifachen Frequenz des Grundtons und verfügt über *zwei* »Knoten«:

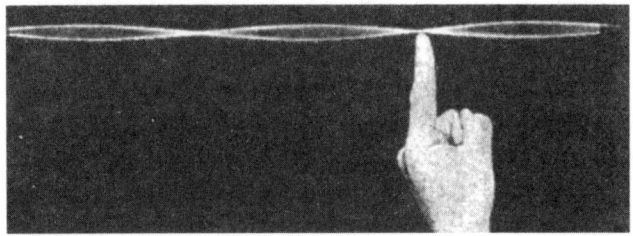

Die Photos wurden von einem schwingenden Gummiband gemacht, man kann die unterschiedlichen Modi im Prinzip aber genauso mit einer Gitarrensaite erzeugen, indem man geeignete Knotenpunkte findet.

Der Trick besteht darin, die Gitarrensaite leicht – und kurz – am richtigen Punkt zu berühren, während man sie irgendwo anders anzupft. Für die erste Teilschwingung oder »Oktave« ist der richtige Punkt die Saitenmitte, also unmittelbar über dem 12. Bund. Ähnlich kann ein Berühren der Saite über dem 7. oder 19. Bund die zweite Teilschwingung erzeugen.

Der legendäre Jazz-Gitarrist Tal Farlow hatte sich auf das Spiel mit Teilschwingungen spezialisiert und konnte auf diese Art mit großer Geschwindigkeit ganze Melodien spielen. Viele von uns werden das wohl nie können und nicht einmal Lust haben, seinem Beispiel zu folgen, aber gelegentlich kann das Hinzufügen einer Teilschwingung einem Stück durchaus Würze verleihen, und wenn Sie gestatten, möchte ich hiermit die Gitarristen unter den Lesern ermutigen, es zu versuchen.

Viel Glück!

Kapitel 11

Große Fehler

Mathematiker sind eigentlich immer vorsichtig.

Es gibt da zum Beispiel diese Geschichte von einem Astronomen, einem Physiker und einem Mathematiker, die gemeinsam mit dem Zug durch Schottland reisten. Vom Fenster aus sahen sie mitten auf einem Feld ein schwarzes Schaf.

»Hochinteressant!«, sagte der Astronom. »In Schottland sind alle Schafe schwarz!«

»Herr Kollege«, widersprach der Physiker, ziemlich überrascht, »ich bin sicher, Sie meinen, in Schottland sind *einige* Schafe schwarz.«

Aber dem Mathematiker schien auch das etwas voreilig:

»Ich vermute«, sagte er, »Sie meinen *beide*, dass es in Schottland mindestens ein Schaf gibt, das *auf mindestens einer Seite* schwarz ist.«

Die Geschichte trifft einen wichtigen Punkt, nämlich: In der Mathematik zieht man nur allzu leicht vorschnell die falschen Schlüsse.

Ein gutes Beispiel dafür ist das *Malfatti-Problem*. Es lautet: Wie lassen sich in ein gegebenes Dreieck drei nicht überlappende Kreise so einbetten, dass ihre Gesamtfläche möglichst groß ist?

Als Malfatti diese Aufgabe – ein so genanntes »Packungsproblem« – 1803 stellte, meinte er die Antwort bereits zu kennen: Man wähle die Kreise so, dass jeder Kreis zwei Seiten des Dreiecks und die beiden anderen Kreise berührt:

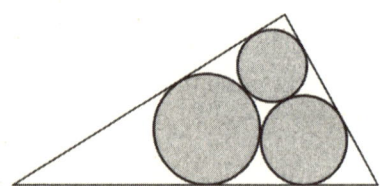

Für über hundert Jahre hielt man diese Antwort für die Lösung. Obwohl das Problem nicht besonders dringlich war, beschäftigten sich eine ganze Reihe höchst angesehener Köpfe damit, und alle waren sie einigermaßen zufrieden.

Plötzlich aber, im Jahr 1930, fiel jemandem etwas sehr Seltsames auf: Für den Spezialfall eines gleichseitigen Dreiecks ist Malfattis »Lösung« falsch. Seiner Anordnung zufolge

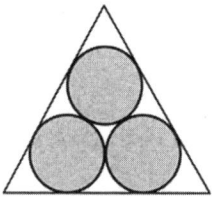

bedecken die Kreise den Bruchteil

$$\frac{\pi\sqrt{3}}{(1+\sqrt{3})^2} \approx 0{,}729$$

der Dreiecksfläche. Das Ergebnis aber wird noch etwas besser, wenn man den größtmöglichen Kreis und zwei kleinere nimmt:

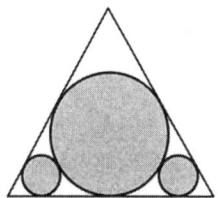

Dann nämlich bedecken die Kreise den Bruchteil

$$\frac{11\pi}{27\sqrt{3}} \approx 0{,}739.$$

35 Jahre später, 1965, bemerkte Howard Eves etwas noch Seltsameres: Wenn das fragliche Dreieck lang und schmal ist, sieht man mit bloßem Auge, dass Malfattis Lösung

nicht stimmt. Ohne jede Rechnung scheint offensichtlich, dass diese Wahl der Kreise die bessere ist:

Schließlich bewies Michael Goldberg 1967, dass Malfattis »Lösung« *niemals* korrekt ist, ganz unabhängig von der Form des Dreiecks. Die richtige Lösung nutzt *immer* eine der folgenden Anordnungen, in denen einer der Kreise alle drei Seiten berührt.

Große Fehler

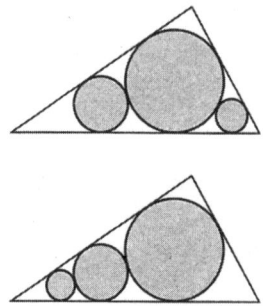

Aber auch große Mathematiker können sehr irren.

1753 bewies Euler, dass es keine ganzen Zahlen a, b und c gibt, die

$$a^3 + b^3 = c^3$$

erfüllen. Anders gesagt: Wenn wir es mit ganzen Zahlen zu tun haben, ist es unmöglich, dass sich zwei dritte Potenzen zu einer dritten Potenz addieren. Das ist ein Sonderfall von Fermats letztem Satz (S. 32). So weit so gut, mag man hinzufügen.

Einige Jahre später ging Euler jedoch einen Schritt weiter und stellte die These auf, es sei ähnlich unmöglich, dass sich drei vierte Potenzen zu einer vierten addieren oder vier fünfte Potenzen zu einer fünften oder fünf sechste Potenzen zu einer sechsten und so weiter.

Beim Nachprüfen solcher Vermutungen kommt man sehr schnell auf sehr große Zahlen, so dass es viele Jahre lang niemandem gelang, Eulers These zu beweisen. Allerdings konnte auch niemand sie widerlegen.

1966 jedoch, etwa zweihundert Jahre nach Eulers These, fanden L. J. Lander und T. R. Parkin schließlich ein Gegenbeispiel, nämlich vier fünfte Potenzen, die sich zu einer fünften Potenz addieren:

$$27^5 + 84^5 + 110^5 + 133^5 = 144^5$$

In der Mathematik also kann eine falsche Vermutung sehr lange eine falsche Vermutung bleiben.

Eine Fundgrube für subtile Fehler in der Mathematik bietet das Thema der *unendlichen Reihen*.

Betrachten wir beispielsweise die folgende:

$$1 - \frac{1}{2} + \frac{1}{3} - \frac{1}{4} + \frac{1}{5} - \frac{1}{6} + \ldots$$

Diese Reihe hier konvergiert, und zwar gegen die Summe 0,693…

Jetzt aber ordnen wir die Glieder dieser Reihe um und lassen jedem positiven Glied zwei negative folgen:

$$\left(1 - \frac{1}{2}\right) - \frac{1}{4} + \left(\frac{1}{3} - \frac{1}{6}\right) - \frac{1}{8} + \left(\frac{1}{5} - \frac{1}{10}\right) - \frac{1}{12} + \ldots$$

Wir halten fest, dass sämtliche Terme der Reihe immer noch »da sind«: Wir haben keinen vergessen und mogeln auch keine neuen hinein.

Man sollte nun meinen, die neue Reihe ergäbe noch immer dieselbe Summe wie die alte.

Stimmt aber nicht. Wir vereinfachen die Ausdrücke in den Klammern und schreiben die neue Reihe als

$$\frac{1}{2} - \frac{1}{4} + \frac{1}{6} - \frac{1}{8} + \frac{1}{10} - \frac{1}{12} + \ldots$$

was wiederum dasselbe ist wie:

$$\frac{1}{2}\left(1 - \frac{1}{2} + \frac{1}{3} - \frac{1}{4} + \frac{1}{5} - \frac{1}{6} + \ldots\right)$$

Es scheint, als hätten wir durch das Umsortieren der Terme *die Summe der Reihe halbiert!*

»Hier steckt der Fehler.«

Und genau das ist tatsächlich passiert. Bei Reihen mit endlich vielen Termen kommt es auf die Anordnung der Glieder nicht an. Der Fehler jedoch lag bereits in der Annahme, das gälte auch für unendliche Reihen.

Der Grund für diese Schwierigkeit wird etwas verständlicher, wenn wir das Umordnen der Glieder auf die Spitze treiben. Nehmen wir an, wir entscheiden uns, zuerst *sämtliche* positiven Terme zusammenzuzählen (und uns um die negativen später zu kümmern):

$$1 + \frac{1}{3} + \frac{1}{5} + \frac{1}{7} + \frac{1}{9} + \ldots$$

Das Dumme ist nur, dass diese Reihe aus lauter positiven Gliedern *nicht* konvergiert: Ihre Summe ist unendlich. Ähnliche Schwierigkeiten ergeben sich mit der Reihe aus lauter negativen Gliedern.

Selbst diese Erkenntnisse aber bereiten uns nicht auf das erstaunliche Ergebnis vor, zu dem der große deutsche Mathematiker Bernhard Riemann 1854 gelangte, nämlich: Man kann die Summe der Reihe

$$1, -\frac{1}{2}, +\frac{1}{3}, -\frac{1}{4}, +\frac{1}{5} \ldots$$

gegen *jede beliebige Zahl* konvergieren lassen, wenn man ihre Glieder nur schlau genug anordnet.

Es gilt also: Wenn wir ein mathematisches Problem lösen wollen, müssen wir vor kleinen Fehlern auf der Hut sein, sonst kommen wir rasch zur falschen Lösung.

Gelegentlich allerdings widerfährt dem Mathematiker etwas noch Tückischeres: Entgegen jeder Erwartung kann das fragliche Problem auch *überhaupt keine Lösung* haben.

Ein interessantes Beispiel dafür ist das *Kakeya-Problem*, so benannt nach dem japanischen Mathematiker, der es 1917 als erster stellte. Es lautet: Man bestimme die kleinste Fläche, auf der sich eine Nadel der Länge 1 so um sich selbst bewegen lässt, dass sie am Ende um volle 180° gedreht ist.

Das Problem scheint harmlos und einfach, und die nahe liegendste Lösung ist wohl ein Kreis mit dem Radius $\frac{1}{2}$, weil man die Nadel dann ohne weitere Umstände einmal um ihre Mitte drehen kann. Dieser Kreis hat die Fläche $\frac{\pi}{4} \approx 0{,}78$.

Doch etwas Nachdenken zeigt, dass im Grunde ein gleichseitiges Dreieck der Höhe 1 genügt. Man muss nur ein bisschen gewieft sein und die Nadel zunächst in eine der drei Ecken schieben, dort um 60° drehen, dann in die nächste Ecke schieben und so weiter. Die dazu benötigte Fläche beträgt nur
$$\frac{1}{\sqrt{3}} \approx 0{,}58.$$

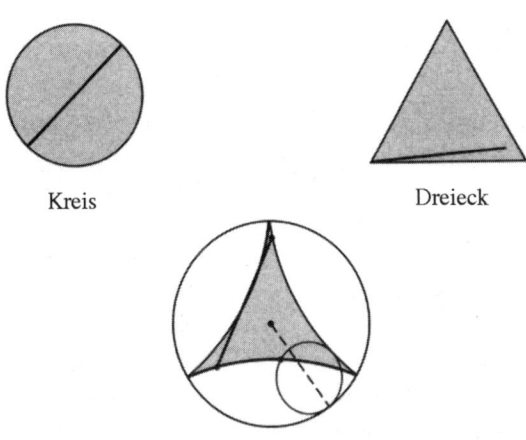

Kreis　　　　　　　Dreieck

Hypozykloide

Eine noch bessere Wahl trifft man jedoch mit der so genannten Hypozykloide, einer Kurvenform, die ein Punkt auf dem Rand eines Rades mit dem Radius $\frac{1}{4}$ beschreibt, das innerhalb eines Kreises mit dem Radius $\frac{3}{4}$ abrollt. Es stellt sich heraus, dass die Fläche, auf der die Nadel durch eine Art »Drei-Punkte-Drehung« um volle 180° gedreht werden kann, dann nur noch $\frac{\pi}{8} \approx 0{,}39$ beträgt.

Mehrere Jahre lang hielt man dies für die *einzig* richtige Lösung für Kakeyas Nadelproblem und war überzeugt, dass sich kein Bereich mit kleinerer Fläche finden lässt.

1927 jedoch ließ A. S. Besicovitch eine Bombe zerplatzen, indem er zeigte, dass dieses Problem überhaupt keine Lösung hat, weil man den Bereich, den die Nadel überstreicht, *so klein machen kann, wie man will,* wenn man ihn nur raffiniert genug wählt. Je kleiner die Gesamtfläche, umso »büscheliger« sieht der fragliche Bereich schließlich aus, und von seiner Mitte reichen viele dünne Fasern nach außen.

Um eine Ahnung davon zu bekommen, denke man sich ein gleichseitiges Dreieck und zerschneide es in mehrere Teile, die man dann so verschert, dass sie etwas überlappen. Die Fläche der sich daraus ergebenden Figur, einen so genannten Perron-Baum, können wir beliebig klein machen, wenn wir das Dreieck in hinreichend viele schmale Streifen zerlegen. Und wenn wir mehrere dieser Bäume übereinander legen, lässt es sich am Ende so einrichten, dass man die Nadel vollständig drehen kann, nämlich um 180°.

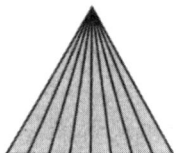 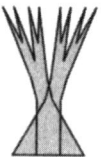

Kapitel 12

Was ist das Geheimnis des Lebens?

Als ich in den 1950er Jahren zur Grundschule ging, hatten wir eine ältere Lehrerin, ich nenne sie Miss H, die irgendwie voller Geheimnisse steckte. Sie sprach mit starkem ausländischen Akzent und saß beim Unterrichten in einen Schal gehüllt in einer abgedunkelten Ecke des Klassenzimmers.

Miss H unterrichtete ein Fach, das man heute wahrscheinlich Biologie nennen würde, und sie tat es, indem sie uns Woche für Woche den gleichen Test schreiben ließ. An einige Fragen erinnere ich mich noch heute.

Die erste lautete: »Wie viele Beine hat ein Insekt?« Und die zweite: »Wie viele Beine hat eine Spinne?«

Nichts leichter als das, könnte man sagen, und wir hatten den Bogen bald raus.

Die letzte Frage jedoch, Nummer 23, war von ganz anderer Art und für eine Gruppe von Schulkindern eigentlich wenig geeignet.

Wir hatten schon damals eine vage Vorstellung davon, wie tief diese Frage ging, und sie klang fast schon unheimlich, wenn sie sich vor unseren Augen aus der Dunkelheit löste.

Die Frage lautete:

»Was ist das Geheimnis des Lebens?«

Nach Meinung von Miss H war die Antwort *Chlorophyll*, obwohl ich nicht glaube, dass ihr das irgendjemand von uns abnahm, schon damals nicht.

> **Chlorophyll** [zu griech. **chlorós** »gelblich grün« und phýllon »Blatt«] (Blattgrün), Bez. für eine Gruppe biolog. äußerst bedeutsamer Pigmente, die den typ. Pflanzenzellen ihre grüne Farbe verleihen und sie zur Photosynthese befähigen; sie sind in den Chloroplasten gerichtet eingelagert. Die häufigste Form ist das **Chlorophyll a** ($C_{55}H_{72}O_5N_4Mg$), das als Farbstoff in der Medizin und in Nahrungsmitteln (**E 140**) verwendet wird.

Fünfzig Jahre später fühle ich mich dem Geheimnis des Lebens kein Stück näher, und, um ganz ehrlich zu sein, ich bin nicht einmal sicher, ob ich noch weiß, was Frage 23 bedeutet. Und wenn es dort draußen ein *wissenschaftliches* »Geheimnis« tatsächlich gibt, dann vermute ich es irgendwo in den fundamentalsten physikalischen Theorien – etwa der Quantenmechanik –, die nicht nur der Biologie, sondern auch allem anderen zugrunde liegen.

Grundlage dieser physikalischen Theorien wiederum ist die Mathematik, innerhalb derer ein bestimmter Teilbereich die Hauptrolle spielt.

Es ist der Bereich der *Differentialgleichungen*.

Differentialgleichungen beschreiben im Wesentlichen, wie ein System sich innerhalb eines kurzen Zeitabstands verändert. Anders gesagt, sie beschreiben die *Differenz* zwischen dem Zustand eines Systems in diesem und im nächsten Moment.

Ein Beispiel liefert die Spielzeugspinne, der wir in Kapitel 10 schon begegnet sind. Aus mir bis heute unerfindlichen Gründen hat diese spezielle Spinne sechs Beine, aber das soll mich beim Aufstellen der Bewegungsgleichungen nicht weiter stören.

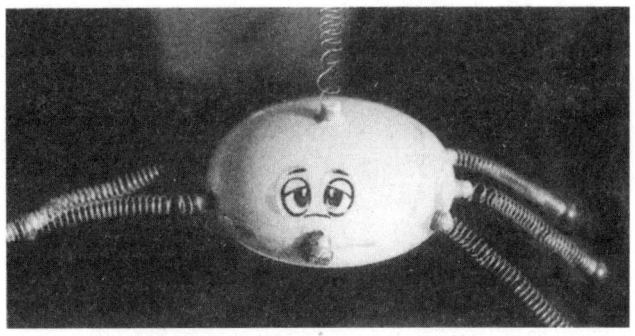

Nach Anwendung der physikalischen Grundgesetze, erweisen sich diese als Differentialgleichungen:

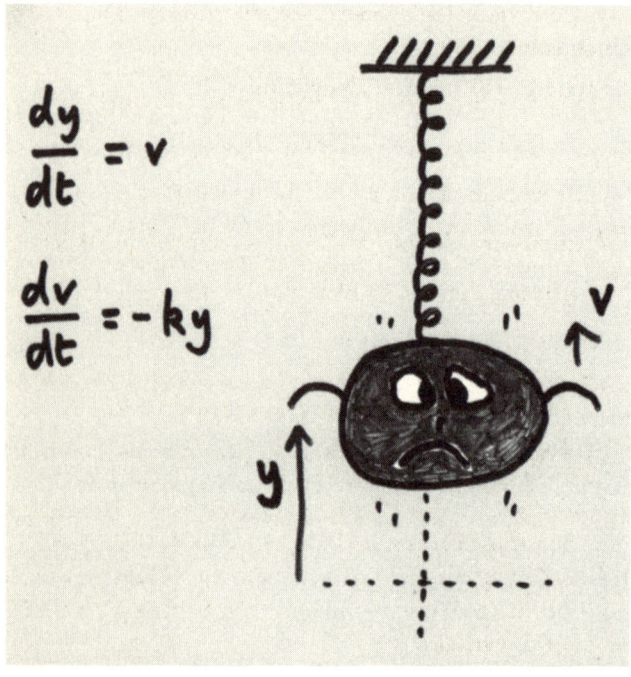

Die beiden »Unbekannten« sind in diesem Fall y, die Höhe der Spinne über ihrer Gleichgewichtslage, und v, die nach oben gerichtete Geschwindigkeit der Spinne. Die konstante Zahl k hingegen wird als »gegeben« betrachtet und ist im Prinzip nichts anderes als die Stärke der Feder dividiert durch die Masse der Spinne.

Um die Besonderheit des Problems zu verstehen, vergleiche man diese Ausführungen mit der elementaren Differentialrechnung aus Kapitel 6. Dort ging es darum, wie eine Größe y von der Zeit t abhängt, und wir sahen, wie sich die *zeitliche Veränderung* $\frac{dy}{dt}$ von y im Verlauf von t herleiten lässt.

Hier und bei anderen Differentialgleichungen aber ist alles umgekehrt. In den Bewegungsgleichungen für die Spinne stecken ziemlich obskure Informationen über die zeitlichen Veränderungen $\frac{dy}{dt}$ und $\frac{dv}{dt}$, und unsere Aufgabe besteht darin, herauszufinden, wie y und v von der Zeit t abhängen.

Eine Möglichkeit, das Problem anzugehen, ist die Benutzung eines Computers.

Um zu verstehen, worum es insgesamt geht, halten wir zunächst fest, dass die Spinne zur Zeit t die Höhe y hat und sich mit der Geschwindigkeit v nach oben bewegt. Kurze Zeit später, bei $t + \delta t$, haben sich Höhe und nach oben gerichtete Geschwindigkeit um δy und δv zu $y + \delta y$ und $v + \delta v$ *verändert*.

In einem nächsten Schritt ersetzen wir näherungsweise $\frac{dy}{dt}$ durch $\frac{\delta y}{\delta t}$ (vgl. S. 61) und entsprechend $\frac{dv}{dt}$ durch $\frac{\delta v}{\delta t}$. Jetzt können wir die Differentialgleichungen umwandeln in

$$\delta y = v \cdot \delta t \text{ und}$$
$$\delta v = -ky \cdot \delta t.$$

Dies sind die Formeln für die kleinen Veränderungen von y und v, die sich nach einer kleinen Zeitspanne δt einstellen. Und sie erlauben uns, allem voran, die »neuen« Werte von y

und v (also $y + \delta y$ und $v + \delta v$) mit Hilfe der »alten« zu beschreiben:

$$\text{»neu« } y = y + v \cdot \delta t$$
$$\text{»neu« } v = v - ky \cdot \delta t$$

Um diese Regeln in einen Computer eingeben zu können, müssen wir zuerst einen Wert für k (der Einfachheit halber setzen wir $k = 1$) und einen *kleinen* Wert für die Zeitverschiebung δt wählen. Außerdem müssen wir für y und v Anfangswerte festlegen. Der Computer berechnet mit Hilfe dieser Regeln dann neue Werte von y und v, nämlich die Werte nach einer Zeiteinheit δt. Mit diesen neuen Werten für y und v wiederholt er den Vorgang, um Werte für y und v nach zwei Zeiteinheiten zu erhalten und so weiter.

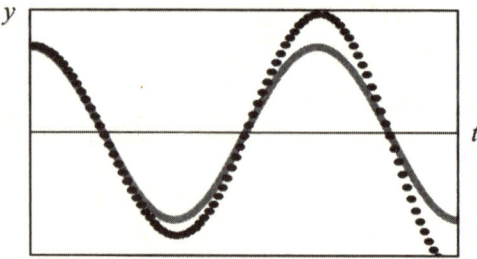

Die gepunktete Kurve der Abbildung zeigt ein typisches Ergebnis für $\delta t = 0{,}1$ im Vergleich zum tatsächlichen Auf-

und Abschwingen der Spinne. Es wird deutlich, dass die »Computerlösung« des Problems die Schwingungen ziemlich treffsicher nachbildet, sie zeigt aber auch eine allmähliche – falsche – Zunahme der Auslenkung im Zeitverlauf. Der Grund liegt in der Größe der Zeiteinheit $\delta t = 0{,}1$. Das heißt, die Genauigkeit der Computerlösung nimmt wesentlich zu, wenn wir stattdessen etwa $\delta t = 0{,}01$ benutzen.

Mit anderen Worten: Sehr viele, sehr kleine Zeitschritte liefern den Schlüssel zum Erfolg, wenn wir Differentialgleichungen mit Hilfe eines Computers »lösen«.

Professor Brittain erklärt – Wettervorhersage.
Bob & Joan hören die BBC Wettervorhersage. Joan: »Professor, woher wissen die, wie das Wetter wird?«

Der eben beschriebene allgemeine Ansatz ist vielseitig anwendbar. Die tägliche Wettervorhersage ist dafür nur eins von zahlreichen Beispielen. Die Fernsehnachrichten sind häufig übersät mit Hinweisen auf »den Computer«, und in der Regel ist damit genau dieses Verfahren gemeint: Man benutzt die Gesetze der Physik, um zu den Differentialgleichungen zu gelangen, die die Bewegung der Atmosphäre bestimmen, wandelt sie um in entsprechende Formeln, die jeweils nach einem kleinen Zeitschritt mit den Veränderungen pro kleiner Zeiteinheit Schritt halten, und lässt den Computer dann die jeweiligen »Updates« durchführen, immer und immer wieder, solange, bis sich all die kleinen Zeitschritte zur gewünschten Zeit der Vorhersage addieren.

Differentialgleichungen schaffen also einige der tief greifendsten Verbindungen zwischen Mathematik und Natur.
Dies wurde, hauptsächlich durch Euler und seine Zeitgenossen, zuerst im frühen 18. Jahrhundert deutlich. Sie führten mit Hilfe von Differentialgleichungen Newtons Arbeit zur Planetenbewegung weiter und erkannten zudem, dass diese Ideen den Zugang zu völlig neuen Bereichen eröffneten, so etwa zur Dynamik der Flüssigkeitsbewegung.

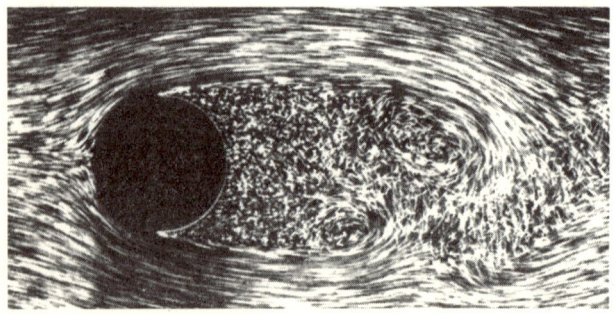

Im 19. Jahrhundert veränderte die Entdeckung der partiellen Differentialgleichungen den gesamten Bereich des Elektromagnetismus, und das gleiche gilt für einige der bedeutendsten Entdeckungen des 20. Jahrhunderts, etwa die Quantenmechanik.

Und falls die großen Fortschritte des 21. Jahrhunderts, wie manche behaupten, tatsächlich in der Biologie liegen sollten, dann halte ich es auch hier für wahrscheinlich, dass die dazugehörige Mathematik wieder ganz wesentlich Differentialgleichungen nutzen wird.

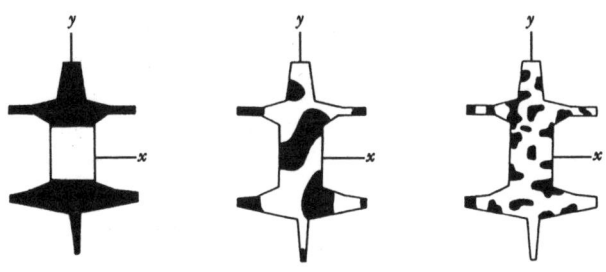

In der Tat gibt es Anzeichen dafür, dass solches bereits geschieht. Ein besonders interessantes Beispiel ist eine Theorie, die J. D. Murray über den Ursprung der Fellzeichnungen von Tieren aufgestellt hat. Die Grundfrage lautet, wenn man so will: Wie kam der Leopard nun *tatsächlich* zu seinen Flecken? Im Zentrum der mathematischen Formulierung dieser Theorie stehen erneut Differentialgleichungen.

Ich frage mich, was Miss H aus alledem wohl gemacht hätte.

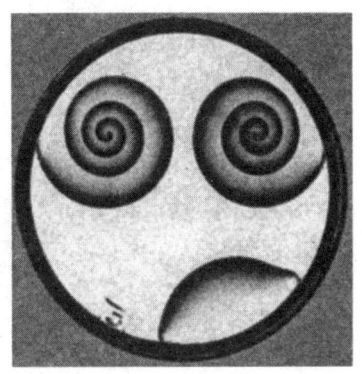

Kapitel 13

e = 2,718...

Nehmen wir an, wir leihen jemandem etwas Geld, sagen wir 1 €. (Das ist hoffentlich nicht zu unwahrscheinlich.)

Nehmen wir ferner an, es gelingt mit viel Charme und etwas List, den Empfänger zu einer Zinsrate von 100 % pro Jahr zu überreden. Dann stehen uns nach einem Jahr 1 + 1 = 2 € zu.

Wenn wir noch raffinierter (oder gemeiner) sind, könnten wir versuchen, den Entleiher dazu zu bewegen, einer Gesamtzinsrate von nur 50% pro Halbjahr zuzustimmen. Das klingt, als sei es dasselbe – die halbe Rate, zahlbar doppelt so oft –, ist es aber nicht. Nach den ersten sechs Monaten erhalten wir

$$1 + \frac{1}{2} \text{ €}$$

und nach weiteren sechs Monaten *davon* das

$$1 + \frac{1}{2}\text{-Fache, also } \left(1 + \frac{1}{2}\right)^2 = 2{,}25 \text{ €.}$$

Entsprechend führt eine dreimal jährlich zu zahlende Zinsrate von $33\frac{1}{3}$ % am Jahresende zu einem Anspruch auf eine Rückzahlung von

$$\left(1 + \frac{1}{3}\right)^3 = 2{,}37 \text{ €}$$

also noch etwas mehr.

Lässt sich so vielleicht ein Vermögen machen? Nein, nicht wirklich, so nicht.

n	$(1+\frac{1}{n})^n$
1	2
10	2,59374
100	2,70481
1000	2,71692
10,000	2,71815
100,000	2,71827
1,000,00	2,71828

Der Grund dafür ist: Wenn wir den Wert von *n* gegen Unendlich gehen lassen, nähert sich die Größe

$$\left(1 + \frac{1}{n}\right)^n$$

einem endlichen Grenzwert.

Und dieser Grenzwert ist

$$e = 2{,}718281828459\ldots$$

Diese seltsame Zahl e taucht wie die Zahl π in der Mathematik in vielen sehr unterschiedlichen Zusammenhängen auf. Insbesondere kommt sie in Verbindung mit der grundsätzlichen Frage vor, wie rasch sich Dinge verändern.

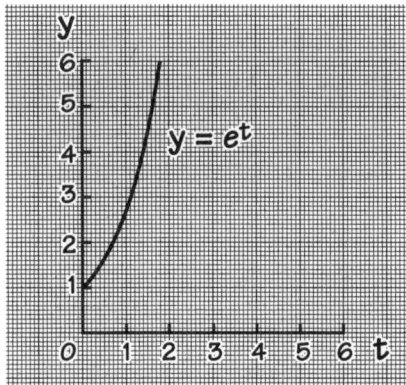

Nun stimmt der Ausdruck für die Änderungsrate $\frac{dy}{dt}$ für eine im Lauf der Zeit t veränderliche Größe y gewöhnlich nicht mit dem Ausdruck für y überein. Für $y = t^2$ ist $\frac{dy}{dt} = 2t$, für $y = \sin t$ ist $\frac{dy}{dt} = \cos t$ und so weiter.

Deshalb stellt sich die Frage: Gibt es eine Größe y, *deren Änderungsrate immer gleich y ist?*

Und die Antwort lautet Ja, es gibt sie:

$$y = e^t$$

Dieses so genannte *exponentielle Wachstum* verläuft sehr rasch. Anfangs, bei $t = 0$, hat y den Wert 1, für $t = 1$ allerdings liegt er bereits bei $e = 2{,}718\ldots$, und für $t = 2$ multipliziert sich dieser Wert *erneut* mit dem Faktor $e = 2{,}718\ldots$ und so weiter. (Wenn t ein Bruch ist und keine ganze Zahl, können wie die Bedeutung von e^t aus der Regel $e^a \cdot e^b = e^{a+b}$ ableiten. So ist beispielsweise $e^{1/2}$ die *Quadratwurzel* von e, da $e^{1/2} \cdot e^{1/2} = e^1 = e$.)

Insbesondere gilt also für die Größe e^t:

$$\frac{d}{dt}(e^t) = e^t$$

Es ist wohl vor allem diese Eigenschaft, die e – mathematisch gesehen – vor allen anderen Zahlen auszeichnet.

Eine praktische Anwendung dieser Erkenntnis findet sich in einem einfachen Modell für die Ausbreitung einer Krankheit.

Lassen wir p den Bruchteil der Bevölkerung sein, der zu einer bestimmten Zeit t diese Krankheit hat, und nehmen wir an, die Ansteckungsgeschwindigkeit sei proportional zum Prozentsatz der schon erkrankten Bevölkerung. Dann ist $\frac{dp}{dt}$ proportional zu p, d. h.

$$\frac{dp}{dt} = cp,$$

wobei c eine konstante positive Zahl ist.

Diese Differentialgleichung hat die Lösung $p = p_0\, e^{ct}$, wobei p_0 der Prozentsatz der Bevölkerung ist, der zu Beginn, also zur Zeit $t = 0$, erkrankt ist.

»Aber das ist die vereinfachte Fassung für das allgemeine Publikum!«

Auf diese Weise kommt e ins Bild. Und das Bild ist – nach diesem übermäßig vereinfachten Modell – ein düsteres, da immer mehr Menschen immer schneller angesteckt werden.

Im praktischen Leben spielt die Zahl e häufig auch im Zusammenhang mit *Instabilitäten* eine Rolle.

Stellen wir uns zum Beispiel vor, ein kleiner Tropfen platscht in eine Milchschale und die Milch spritzt hoch. Der fallende Tropfen ist anfänglich mehr oder weniger kugelförmig. Aufgrund dieser anfänglichen Symmetrie sollte man meinen, dass die Milchoberfläche beim Aufprall symmetrisch reagiert.

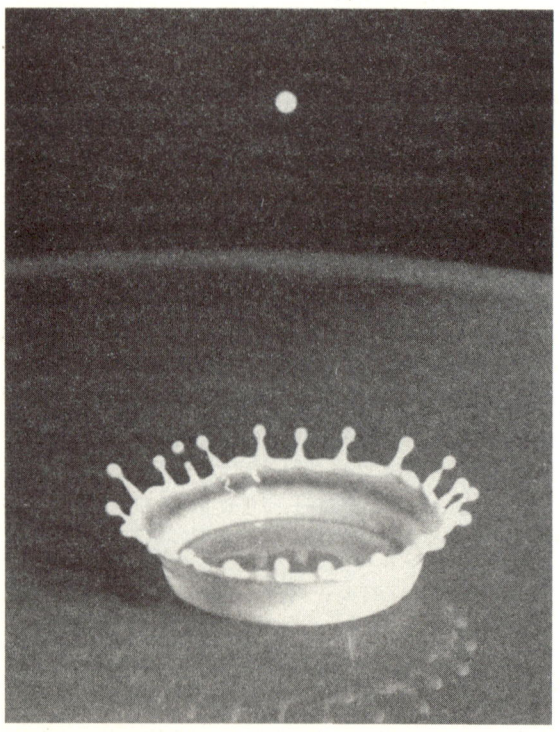

Das entspricht zunächst auch der Beobachtung: Die Oberfläche steigt anfänglich vom Aufprallpunkt aus in einem glatten, kreisförmigen Ring nach oben, dessen dünne Wand sich sanft nach außen krümmt.

Kurze Zeit später jedoch und ohne erkennbaren Grund bilden sich am oberen Rand dieser dünnen Milchwand Wellen mit »Gipfeln« und »Tälern«. Diese Wellenförmigkeit prägt sich sehr schnell stärker aus, und die Gipfel werden zu sehr lang gezogenen Zacken, von denen jeder am Ende einen winzigen Milchtropfen abstößt.

Woher kommt dieses Zackenmuster? Warum bleiben die Milchwände beim Aufsteigen nicht symmetrisch und bewahren die kreisrunde Form?

Im Prinzip, so lautet die Antwort, ist die symmetrische Bewegung möglich, tatsächlich aber bekommen wir sie niemals zu Gesicht, weil kleine, unerwünschte Störungen – sie sind bei jedem Versuch unvermeidlich – im Lauf der Zeit rasch zunehmen und das Ergebnis stark verändern.

Kurz, die ursprüngliche, symmetrische Bewegung ist *instabil*. Es ist, als wenn man versucht, einen Bleistift auf der Spitze zu balancieren. Und von entscheidender Bedeutung ist in diesem Zusammenhang: Ganz zu Beginn der Instabilität nehmen die kleinen Störungen proportional zur Größe der jeweiligen Störungen zu, und wieder kommt so die Zahl

$$e = 2{,}718\ldots$$

ins Bild.

Ein weiteres bemerkenswertes Beispiel dieser Art lässt die folgende Fotoserie erkennen. Wir haben es hier mit

Instabilität im chemikalischen Kontext zu tun. Bei der so genannten Belusov-Zhabotinski-Reaktion, die 1951 entdeckt wurde, wachsen kleine räumliche Nichtkonformitäten in konzentrierten Lösungen verschiedener Chemikalien im Lauf der Zeit an und ordnen sich selbst in wenigen Minuten zu verblüffenden regelmäßigen Mustern, diesmal in Form von Spiralwellen.

Man braucht jedoch eigentlich weder Milchschalen noch Unmengen exotischer Chemikalien, um der Zahl e = 2,718... zu begegnen.

e = 2,718...

Man nehme zwei Decks gewöhnlicher Spielkarten, mische sie und lege sie verdeckt nebeneinander. Dann ziehe man von jedem Stapel eine Karte und drehe sie um. Die Wahrscheinlichkeit, dass man zwei gleiche Karten zieht, ist natürlich sehr gering.

Stellen wir uns vor, wir würden auf der Suche nach »Gleichen« immer weiter paarweise Karten umdrehen. Ist es wahrscheinlich, dass wir *alle 52 Karten* aufdecken, ohne einem gleichen Paar zu begegnen?

Die Antwort lautet: Nein, das ist es nicht. Denn die *Wahrscheinlichkeit, dass sich kein Paar findet, ist proportional* zu $\frac{1}{e}$, und damit kleiner als $\frac{1}{2}$, beträgt also weniger als 50 %.

Wir schließen dieses Kapitel mit einer bemerkenswerten Darstellung der Größe e^t als unendlicher Reihe:

$$e^t = 1 + t + \frac{t^2}{2} + \frac{t^3}{2 \times 3} + \frac{t^4}{2 \times 3 \times 4} + \ldots$$

Man muss dieses seltsame Ergebnis nicht einfach hinnehmen, denn es lässt sich ziemlich leicht nachprüfen, dass es mit dem früher erwähnten wichtigen Ergebnis

$$\frac{d}{dt}(e^t) = e^t.$$

übereinstimmt. Dazu verwenden wir einfach die Tabelle auf S. 64 und berechnen die Änderungsrate jedes einzelnen Glieds der unendlichen Reihe.

Auf diese Weise erhalten wir

$$\frac{d}{dt}(e^t) = 0 + 1 + \frac{2t}{2} + \frac{3t^2}{2 \cdot 3} + \frac{4t^3}{2 \cdot 3 \cdot 4} + \ldots$$

und nach einigem Kürzen wird die rechte Seite zu

$$1+t+\frac{t^2}{2}+\frac{t^3}{2\cdot 3}+\ldots,$$

was exakt der ursprünglichen Reihendarstellung für e^t entspricht.

Wenn wir in der ursprünglichen Reihe zusätzlich noch die Zeit auf $t = 1$ setzen, erhalten wir eine elegante Darstellung der Zahl e selbst:

$$e = 1+1+\frac{1}{2}+\frac{1}{2\cdot 3}+\frac{1}{2\cdot 3\cdot 4}+\ldots$$

Aber auch das ist nichts im Vergleich mit dem, was wir uns für das allerletzte Kapitel dieses Buchs aufheben, wo e in einer Gleichung vorkommt, die viele Menschen für das wunderbarste mathematische Ergebnis aller Zeiten halten.

Kapitel 14

Chaos und Katastrophe

Vor einigen Jahren sorgte die *Chaostheorie* für Schlagzeilen im ganz großen Stil. Plötzlich sollte sie die Antwort auf alles sein und wurde zu einem solchen Modethema, dass sogar Steven Spielberg sie in einem seiner Blockbuster kurz in Erscheinung treten ließ.

Das ging zwar alles ein bisschen zu weit, die Kerngedanken sind aber wichtig, und erstaunlicherweise gibt es Anzeichen dafür bereits im 19. Jahrhundert im Zusammenhang mit dem, was wir mittlerweile das gravitative *Dreikörperproblem* der Himmelsmechanik nennen.

Heute können wir das Problem am Computer relativ leicht simulieren. Lassen wir beispielsweise auf die drei gleichen Punktmassen der Abbildung unten das Gravitationsgesetz wirken, dann ziehen sich diese ausgehend von den mit Zahlen bezeichneten Massen an. Die Massen 2 und 3 bewegen sich also aufeinander zu und umeinander herum, bevor sie sich wieder voneinander entfernen. Masse 2 hat eine ähnliche »Begegnung der nahen Art« mit Masse 1.

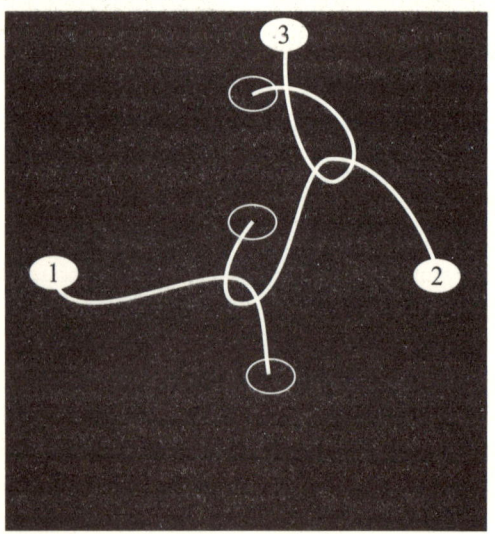

Als nächstes trudeln 2 und 3 umeinander herum, dann hat 3 eine nahe Begegnung mit 1. Dem folgen, im Bild unten rechts, zwei *sehr* nahe Begegnungen, zunächst von 1 und 2, danach von 2 und 3.

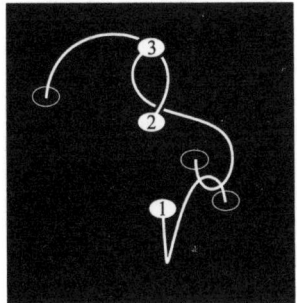 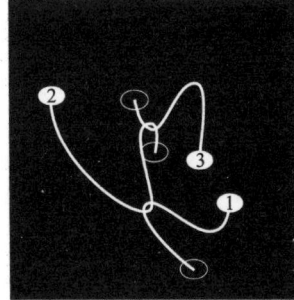

Und weil das Ergebnis jeder nahen Begegnung ganz grundlegend davon abhängt, *wie* nah sie ist, hängt die Bewegung des Gesamtsystems entscheidend von der exakten Ausgangslage und den exakten Anfangsgeschwindigkeiten der Massen ab.

Darauf also läuft Chaos hinaus: auf unregelmäßige, erratische Bewegung, die extrem empfindlich auf die Anfangsbedingungen reagiert. Trotz dieser frühen Erörterungen des Themas begannen die Mathematiker erst in den 1960er Jahren oder sogar noch später zu erkennen, dass solches Verhalten ganz selbstverständlich auch in einer großen Gruppe anderer Systeme vorkommen kann.

Diese Systeme waren nicht unbedingt mechanische Systeme: Einige der interessantesten Beispiele für Chaos fanden sich bei Problemen, die mit Stromkreisen zu tun hatten, andere bei Anwendungen aus der Chemie oder sogar Biologie.

Plötzlich gab es überall Chaos.

All das – insbesondere die Empfindlichkeit für Anfangsbedingungen – waren sehr schlechte Nachrichten für Leute, die sich für langfristige Vorhersagen interessierten. Zum Beispiel ist die Wettervorhersage bekanntlich ein schwieriger Fall, und ein Grund dafür könnte sein, dass die Atmosphäre chaotische Phasen durchläuft, die dafür sorgen, dass winzige Unbestimmtheiten des anfänglichen Zustands sich zu gewaltigen Unbestimmtheiten des späteren Zustands ausweiten.

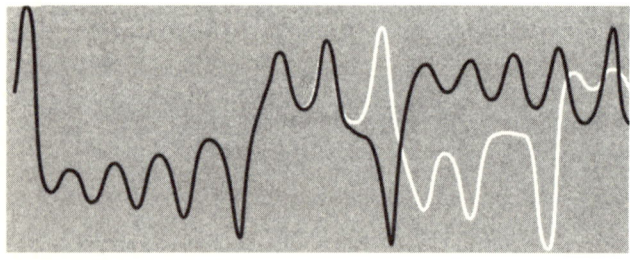

Ein Kennzeichen des Chaos: Zwei kaum voneinander unterscheidbare Ausgangsbedingungen führen innerhalb einer relativ kurzen Zeitspanne zu zwei völlig verschiedenen Ergebnissen.

Einer der frühen Pioniere der Chaos-Dynamik, Ed Lorenz, ließ diesbezüglich an Deutlichkeit nichts zu wünschen übrig, als er in einer bahnbrechenden, 1961 im *Journal of the Atmospheric Sciences* veröffentlichten Arbeit schrieb:

»Wenn unsere Ergebnisse ... auf die Atmosphäre angewendet werden ... zeigen sie, dass die Vorhersage der hinreichend fernen Zukunft nach jeder Methode unmöglich ist, solange die gegenwärtigen Bedingungen nicht genauestens bekannt sind. Angesichts der unvermeidlichen Ungenauigkeit und Unvollständigkeit der Wetterbeobachtung scheinen präzise langfristige Vorhersagen außerhalb des Möglichen zu liegen.«

Wirklich überrascht jedoch waren viele Mathematiker in den 1970er Jahren, als sie feststellen mussten, dass auch wesentlich »einfachere« Systeme häufig von Chaos bestimmt werden.

Ein gutes Beispiel tauchte zuerst 1976 in Verbindung mit der Bevölkerungsdynamik auf. Es geht um die Regel

$$x_{n+1} = ax_n(1 - x_n),$$

nach der sich jede Zahl in der Folge $x_1, x_2, x_3, \ldots$ aus der vorangehenden berechnen lässt. In diesem Fall ist a eine vorher festgelegte Zahl zwischen 0 und 4.

Wir wählen, anders gesagt, einen Anfangswert x_1 (zwischen 0 und 1) und berechnen nach der obigen Regel $x_2 = ax_1(1 - x_1)$. Wenn wir x_2 kennen, berechnen wir nach dieser Regel $x_3 = ax_2(1 - x_2)$ und so weiter. Das sieht alles nicht weiter schwer aus, und es ist kinderleicht, einen Computer so zu programmieren, dass er die Berechnungen durchführt.

Nehmen wir also an, wir hätten einen Wert a gewählt, einen Anfangswert x_1 bestimmt und ließen das Programm laufen. Wie entwickelt sich dann die Zahlenfolge $x_1, x_2, x_3, \ldots$? Nun, wenn a kleiner ist als 1, wird auch x mit wachsendem n immer kleiner. Und wenn a zwischen 1 und 3 liegt, konvergiert x_n mit wachsendem n allmählich gegen den konstanten Wert $1 - \frac{1}{a}$.

Wenn a jedoch zwischen 3 und 3,449 liegt, wird die Sache interessanter: Das System geht über in eine regelmäßige Schwingung, wobei x_n mit wachsendem n zwischen zwei Werten hin und her springt. Und wenn a noch etwas größer wird, treten kompliziertere regelmäßige Schwingungen auf.

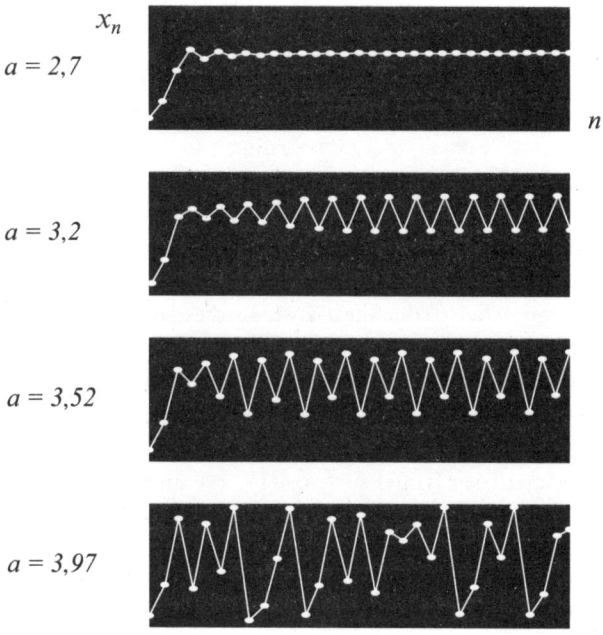

Besonders interessant ist das Verhalten, wenn a größer ist als 3,570. Typischerweise spielt sich das System dann nicht auf einen bestimmten Wert oder irgendeine regelmäßige Oszillation ein, sondern aufeinander folgende Werte von x_n schwanken anscheinend willkürlich hin und her, so dass die Schwingungen keinerlei regelmäßiges, sich wiederholendes Muster erkennen lassen.

Hier also herrscht abermals Chaos, noch dazu in einem der denkbar »einfachsten« mathematischen Systeme.

Chaos ist jedoch keineswegs das einzige wiederkehrende Thema in der modernen Erforschung dynamischer Systeme. Es gibt ein weiteres ganz anderer Art.

Denken wir beispielsweise zurück an die dünnen *Seifenhäutchen* zwischen zwei kreisförmigen Drähten (Kapitel 7). Jetzt fragen wir uns, was passiert, wenn man die beiden Ringe erst dicht beieinander hält und dann langsam auseinander zieht.

Die Seifenhaut reagiert auf diese Bewegung zunächst mit einer *allmählichen* Veränderung ihrer Form; wie erwartet, krümmt sie sich stärker und bildet in der Mitte eine größere »Einbuchtung« aus. Diese Veränderung hält an, bis die Entfernung zwischen den Schlingen 0,6627 Mal so groß ist wie der Durchmesser der Schlinge.

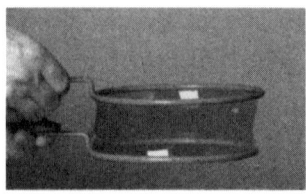 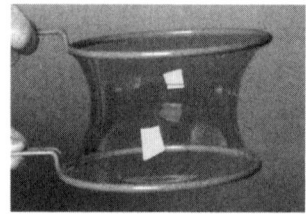

Sobald die Entfernung allerdings größer wird als dieser kritische Wert, fällt der Seifenfilm plötzlich in sich zusammen, und zwei getrennte, ebene Häute spannen sich über die Ringe. Dieser Kollaps ereignet sich unvermittelt, ohne Vorwarnung sozusagen, und lange bevor die zentralen Flächen des Films sich berühren.

Ein solches Verhalten, bei der eine allmähliche Veränderung eines Parameters zu einer plötzlichen und unerwartet großen Veränderung des gesamten Systems führt, nennen wir *Katastrophe*.

Es fällt nicht schwer, physikalische Systeme zu finden, die sich zugleich katastrophisch verändern *und* chaotisch bewegen können. Das einfachste mir bekannte System dieser Art heißt *Pendel*.

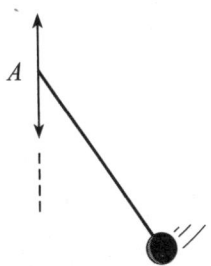

Bleibt ein Pendel sich selbst überlassen, schwingt es mit einer bestimmten Frequenz einfach nur so lange hin und her, bis Reibung die Schwingungen dämpft. Ich schlage also vor, die Sache etwas aufregender zu gestalten, indem ich den Drehpunkt auf und ab bewege, aber vollkommen regelmäßig. Am wirkungsvollsten ist das Ergebnis, wie sich zeigt, wenn er mit der doppelten Eigenfrequenz des Pendels schwingt.

Wie gewöhnlich schreiben wir zuerst diejenigen Differentialgleichungen auf, die bestimmen, wie sich das System von einem Augenblick zum nächsten verändert, und »lösen« sie mit Hilfe des Computers. Wir erhalten einige der interessantesten Ergebnisse, wenn wir beim schwingenden Pendel den Ausschlag A der Bewegung des Drehpunkts allmählich verändern.

Solange A noch sehr klein ist, hängt das Pendel am Ende des Experiments, wie zu erwarten, gerade nach unten. Wenn A jedoch allmählich über einen bestimmten kritischen Wert hinaus zunimmt, wird die Bewegung des Drehpunkts groß genug, um diesen Hängezustand instabil werden zu lassen, und das Pendel beginnt symmetrisch zu schwingen (a).

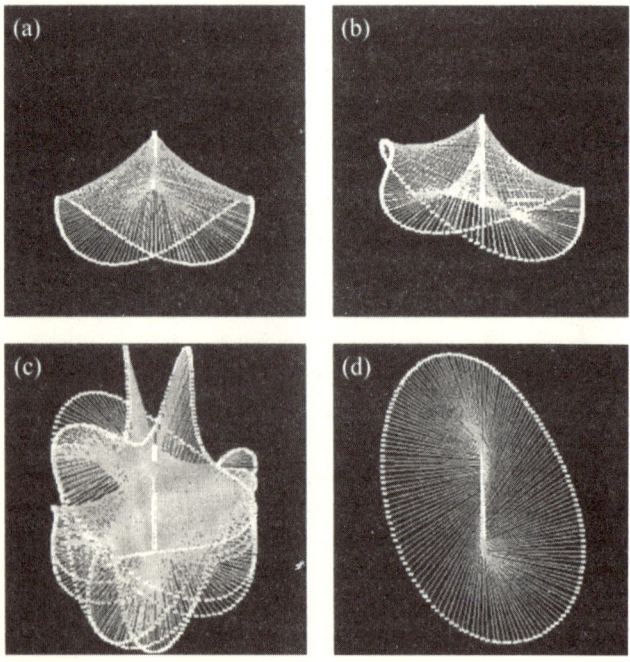

Wenn wir A weiter vergrößern, wird schließlich auch diese Schwingung instabil, und an ihre Stelle tritt eine *unsymmetrische* Schwingung, bei der das Pendel auf einer Seite höher schwingt als auf der anderen (b).

Bei noch höheren Werten von A bewegt sich das Pendel chaotisch, in einer Mischung aus unregelmäßigen Schwingungen und periodisch auftretenden, halbherzigen »Trudel«-Bewegungen um den Drehpunkt (c).

Wenn wir A allmählich noch weiter anwachsen lassen, geschieht etwas Bemerkenswertes: Die chaotische Bewegung hört plötzlich vollständig auf, und das Pendel wirbelt heftig, aber vollkommen regelmäßig um den Drehpunkt herum (d).

An diesem Punkt also ereignet sich die Katastrophe, und wie andere Katastrophen lässt sie sich nicht sofort »richten«. Denn wenn wir sofort damit beginnen, A zu *verkleinern*, kehrt diese regelmäßige Wirbelbewegung nicht etwa unmittelbar in die vorherige chaotische Bewegung zurück. Stattdessen geht die Wirbelbewegung weiter, wenn auch, bei abnehmendem A, *weniger heftig*.

Erst wenn A unter einen wesentlich kleineren kritischen Wert fällt, kollabiert die regelmäßige Wirbelbewegung plötzlich in einer weiteren Katastrophe, und das System kehrt zu einer regelmäßigen Oszillation zurück.

Es überrascht nicht, dass man all dies exotische Verhalten am besten verfolgen kann, wenn man statt der Fotos Computeranimationen benutzt. Wem das gefällt, mag sich an den Animationen auf der englischsprachigen Webseite dieses Buches erfreuen (siehe S. 180).

Kapitel 15

Nicht ganz der Indische Seiltrick

Mathematik taucht an den seltsamsten Orten auf. Wer hätte zum Beispiel gedacht, sie könnte mit dem *Indischen Seiltrick* zu tun haben?

Dieser Trick ist der wohl berühmteste in der gesamten Geschichte der Zauberei: Ein Seil wird nach oben geworfen, und statt wieder nach unten zu fallen, bleibt es in der Luft stehen, der Schwerkraft zum Trotz. Dann klettert ein Kind das Seil hinauf und verschwindet.

Berichte davon gehen bis ins 14. Jahrhundert zurück, der Trick selbst allerdings hat sich als äußerst flüchtig erwiesen, jedenfalls in seiner eigentlichen Form, also im Freien und bei vollem Tageslicht.

Erst kürzlich jedoch hat es einige bemerkenswerte Versuche gegeben. Einer davon fand im Februar 1999 während einer Zauberer-Konferenz im südindischen Cochin statt. Mitten auf einer der Hauptstraßen spielte der Magier, Professor Padmarajan, auf einer Schlangenbeschwörer-Flöte und aus einem großen Korb wand sich ein langes Seil und stieg in den Himmel, bis in eine Höhe von etwa 5 Metern. Dann kletterte ein fünfjähriges Kind bis zur Seilspitze.

Nach allem, was man so hört, war die Vorführung eindrucksvoll.

Aber was, bitte, hat das mit Mathematik zu tun?

Und warum rief eine bekannte britische Zeitung ausgerechnet *mich* in Oxford an, um zu fragen, wie der Trick funktionierte?

Zur Beantwortung dieser Fragen müssen wir, so unglaublich es klingt, ins Jahr 1738 zurückgehen, in dem der Schweizer Mathematiker Daniel Bernoulli, Sohn des schon erwähnten Johann Bernoulli, eine neue Arbeit zur Pendelbewegung veröffentlichte.

Wenn ein einfaches Pendel um ein Weniges hin und her schwingt, führt es pro Zeiteinheit eine bestimmte Anzahl von Schwingungen aus. Das ist die Eigenfrequenz des Pendels.

 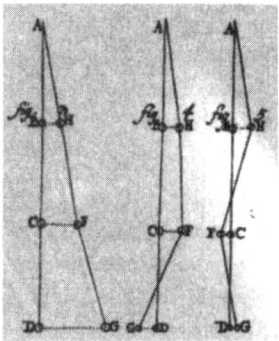

Die drei Schwingungsmodi eines Dreifachpendels aus Daniel Bernoullis Originalarbeit von 1738.

Bernoulli interessierte sich für *Mehrfachpendel* aus N verbundenen Einzelpendeln, die eine hängende Kette mit N Gliedern bilden. Er entdeckte, dass dieses System mit *jeder* der N verschiedenen Eigenfrequenzen

$$f_1, \ldots, f_N$$

schwingen kann, wobei f_1 die kleinste und f_N die höchste Frequenz bezeichnet. Im Modus mit der kleinsten Eigenfrequenz schwingen die Pendel mehr oder weniger gemeinsam hin und her, wie ein langes, einfaches Pendel. Hingegen schwingen im Modus mit der höchsten Eigenfrequenz benachbarte Pendel in jedem Moment in entgegen gesetzte Richtungen.

Das war 1738. Um eine Verbindung zum Seiltrick zu schaffen, müssen wir Daniel Bernoullis System aus N verbundenen Pendeln aus einer merkwürdig neuen Perspektive betrachten.

Wir müssen das Pendel *auf den Kopf stellen*.

So kam es, dass ich an einem regnerischen Novembernachmittag des Jahres 1992 um den Beweis für ein seltsames neues Theorem rang.

Dass Differentialgleichungen zu Überraschungen führen, daran war ich gewöhnt, doch diese hier rief nichts als ungläubiges Kopfschütteln hervor. Denn nach diesem »Satz vom umgekehrten Pendel« ist es möglich, N verbundene Pendel so auf den Kopf zu stellen, dass eins auf dem anderen balanciert, und sie dann in dieser Stellung *zu stabilisieren, indem man den Drehpunkt auf und ab schwingen lässt.*

Das ist übrigens etwas ganz anderes, als wenn man einen Zeigestock auf der Handfläche balanciert. Dabei bewegt man die Hand von einer Seite zur anderen, je nachdem, wohin der Stock zu fallen droht. Hier dagegen bewegt sich der Drehpunkt ausschließlich nach oben und unten, die Schwingungen des Drehpunkts sind vollkommen regelmäßig und dauern deshalb auf vorbestimmte Weise nahezu unverändert an, während die umgekehrten Pendel ein bisschen durch die Gegend wackeln.

Dass sich ein einzelnes umgekehrtes Pendel auf diese Weise stabilisieren lässt, ist nicht ganz unbekannt, denn darauf machte Andrew Stephenson, ein Mathematiker der Universität Manchester, 1908 in einer bemerkenswerten Arbeit aufmerksam. Das neue Theorem schließt dort an, geht aber viel weiter, weil es besagt, dass dasselbe mit *jeder endlichen Anzahl* von verbundenen Pendeln möglich ist, unabhängig von ihrer jeweiligen Form und Größe.

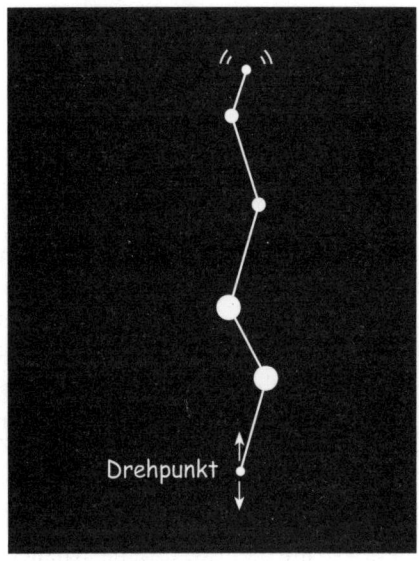

Ein besonders befriedigender Aspekt ist – aus meiner Sicht jedenfalls – die Tatsache, dass dieses Theorem unmittelbar mit Bernoullis Arbeit von 1738 zusammenhängt. Denn statt explizit Berge von unschönen, mühseligen Einzelheiten des in Frage stehenden Pendelsystems in Betracht zu ziehen, berücksichtigt es nur die beiden entscheidenden Zahlen f_1 und f_N, die, wie wir sahen, mit den Oszillationsbewegungen des Systems um den normalen, hängenden Zustand verknüpft sind.

Der Satz vom umgekehrten Pendel.

In der Praxis ist f_N^2 normalerweise viel größer als f_1^2. Deshalb besagt der Satz, dass die Schwingungen des Drehpunkts den umgekehrten Zustand stabilisieren, wenn die auf der Wandtafel oben genannten Bedingungen »a kleiner als …« und »af_p größer als …« erfüllt sind.

Dabei steht a für die Hälfte der Strecke, die sich der Drehpunkt nach oben und unten bewegt, f für die Frequenz

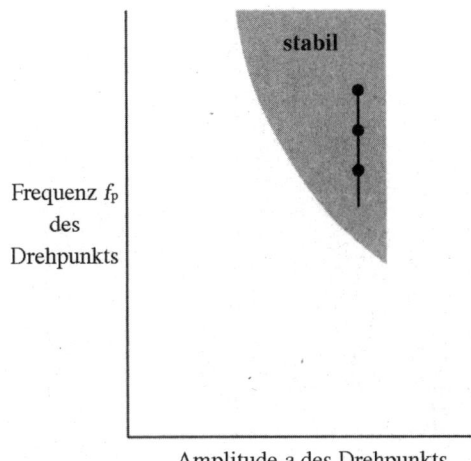

Amplitude *a* des Drehpunkts

seiner Schwingung und *g* für die Beschleunigung (9,81 m sec^{-2}) eines frei fallenden Körpers.

Das alles läuft darauf hinaus, dass der Trick immer gelingt, so lange der Drehpunkt mit *hinreichend hoher Frequenz* auf *hinreichend kleiner Strecke* auf und ab schwingt.

Die mathematische Seite des Problems schien gelöst. Ich programmierte sogar eine Computersimulation, die unmittelbar auf den geltenden Differentialgleichungen beruhte, und auch sie schien das Theorem voll und ganz zu bestätigen. Aber würde das auch in der Praxis funktionieren?

1089 oder Das Wunder der Zahlen

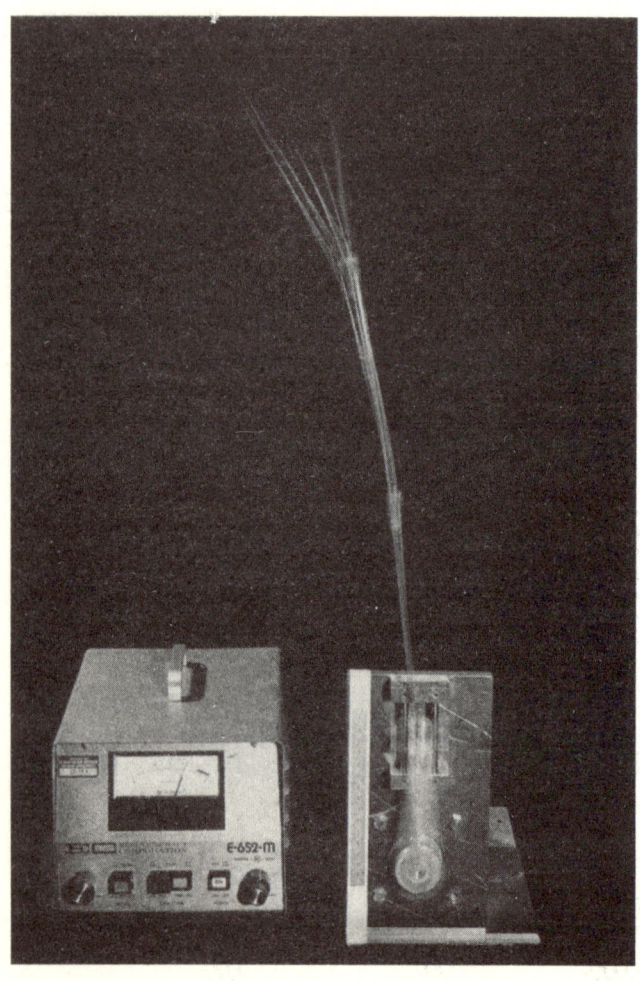

In dieser Hinsicht hatte ich das große Glück, Tom Mullin in meiner Nähe zu haben – in Oxford, im Clarendon Laboratorium.*

Tom ist einer der besten Chaos-Experimentalisten der Welt, und ich hatte bereits gesehen, wie er mit Hilfe eines Mehrfachpendels mit schwingendem Drehpunkt chaotische Bewegung demonstrierte. Zur Überprüfung der Vorhersagen meines Satzes musste ich ihn nur überreden, ein paar neue Versuche mit wesentlich höherer Schwingungsfrequenz durchzuführen.

Das war nicht weiter schwer. Er brauchte drei Tage, nicht mehr, um das umgekehrte Doppelpendel zum Laufen zu bringen, und obwohl das Dreifachpendel problematischer war, funktionierte am Ende auch das. Die nötigen Frequenzen erwiesen sich als ziemlich hoch: Bei einem 50 cm langen umgekehrten Dreifachpendel zum Beispiel schwang der Drehpunkt auf einer Strecke von 2 cm mit einer Frequenz von etwa 40 Schwingungen pro Sekunde auf und ab.

Dennoch: Der »Trick« funktionierte tatsächlich und sogar besser, als wir je gedacht hätten. Wir waren erstaunt, *wie* stabil der umgekehrte Zustand war. Solange die Pendel annähernd in einer Reihe blieben, konnten wir sie bis zu 40 Grad zur Seite auslenken, und immer wieder zitterten sie in die Vertikale zurück.

Im November 1993 veröffentlichten wir unsere Ergebnisse in *Nature* und hofften, glaube ich, sehr, dass sie einige

---

* Tom Mullin arbeitet jetzt am Lehrstuhl für Physik und Astronomie der Universität Manchester.

Beachtung finden würden. Da *Nature* immer donnerstags erscheint und die Wissenschaftsbeilagen der großen Tageszeitungen häufig am nächsten Tag einen Bericht über *Nature*-Artikel bringen, warteten wir gespannt auf den nächsten Freitagmorgen. Aber ein anderer Artikel schlug uns aus dem Feld: »Lebensspanne und Testosteron«, in dem sich alles darum drehte, ob Männer länger leben oder nicht, wenn sie kastriert sind.*

In den Monaten danach hielten Tom und ich gelegentlich Vorträge über unsere Arbeit und ließen von da an, wenn auch mit einem Augenzwinkern, die eine oder andere Bemerkung über die vage Ähnlichkeit zwischen unserem seltsamen Balancierakt und dem Indischen Seiltrick fallen. Wohl deshalb bekam die BBC schließlich Wind von unseren Ergebnissen, und im Oktober 1995 hatten wir mit dem Experiment einen kurzen Auftritt in dem TV-Programm *Tomorrow's World*.

Wie sagte Andy Warhol? Dass irgendwann jeder mal für 15 Minuten berühmt ist? Irgendwie so. In unserem Fall waren es eher drei oder vier Minuten, aber die haben Spaß gemacht.

All das ist natürlich schon einige Jahre her, und inzwischen ist mir der Satz vom umgekehrten Pendel so vertraut, dass es Zeiten gibt, wo er mir fast schon »normal« scheint. Aber im Innersten weiß ich, dass es das nicht ist. Es ist zwar nicht ganz der Indische Seiltrick, aber ein bisschen verrückt ist es doch.

---

* Für den Fall, dass jemand interessiert ist – die Antwort lautet offenbar: Nein, tun sie nicht.

Nicht ganz der Indische Seiltrick

Den wohl besten Beweis dafür erhielten wir einen Tag nach der Fernsehausstrahlung, als die BBC den Anruf eines entsetzten Provinznörglers erhielt, der behauptete, unser Balancierakt sei ganz offensichtlich unmöglich und widerspräche den Naturgesetzen. Er war offenbar ehrlich bestürzt darüber, dass die Sendung ihr »sonst so hohes Niveau unterschritten« hätte und »zwei Betrügern aus Oxford auf den Leim« gegangen war.

Kapitel 16

Reell oder imaginär?

Von Zeit zu Zeit macht jemand eine Umfrage und bittet ein paar Mathematiker, die zehn wunderbarsten mathematischen Erkenntnisse aller Zeiten zu benennen. Die Antworten hängen natürlich davon ab, wann die Umfrage gestellt und wer befragt wird, aber *ein* Ergebnis gewinnt *immer*.

In ihm kommt die Quadratwurzel von −1 vor, also

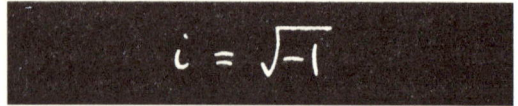

und das Erste, was wir in diesem letzten Kapitel zu tun haben, ist, diese geheimnisvolle Größe in den Griff zu bekommen.

Denn welche Zahl, bitte, soll das *sein*, die, mit sich selbst multipliziert, −1 ergibt? Es gibt keine positive Zahl mit dieser Eigenschaft, und auch keine negative, denn alle so genannten »reellen« Zahlen ergeben im Quadrat eine positive.

Aus genau diesem Grund nennen wir i = $\sqrt{-1}$ eine *imaginäre* Zahl, was natürlich noch immer nicht erklärt, warum man sie überhaupt ernst nimmt, und noch weniger, warum sie inzwischen Tag für Tag von Ingenieuren und Naturwissenschaftlern in aller Welt bei den einfachsten Anwendungen wie selbstverständlich benutzt wird.

Gelegentlich wird behauptet, imaginäre Zahlen seien in die Mathematik eingeführt worden, weil sie als Lösung quadratischer Gleichungen wie etwa $x^2 + 1 = 0$ dienen können, was man ja leicht auch als $x^2 = -1$ schreiben kann. Natürlich hätten die Mathematiker sagen können, die Lösungen dieser Gleichung seien $x = i$ oder $x = -i$, doch in der Regel ließen sie es bleiben, weil es vernünftiger schien – und wohl auch ehrlicher – zu sagen, die Gleichung habe überhaupt keine Lösung.

Reell oder imaginär?

Wie also kam man dazu, eine derart seltsame Größe wie i = $\sqrt{-1}$ ernst zu nehmen?

Interessanterweise rückten nicht die quadratischen, sondern *kubische* Gleichungen imaginäre Zahlen ins Rampenlicht. Etwa:

$$x^3 = 15x + 4$$

Für die Lösung solcher Gleichungen fand der italienische Gelehrte Girolamo Cardano im 16. Jahrhundert eine allgemeine Formel, die in diesem Fall

$$x = \sqrt[3]{2 + 11i} + \sqrt[3]{2 - 11i}$$

ergibt, wobei $\sqrt[3]{}$ die Kubikwurzel bezeichnet.

Wenn wir den imaginären Zahlen mit derselben Engstirnigkeit begegnen und sagen, die Zahl i = $\sqrt{-1}$ sei »inexistent«, müssen wir die obige Gleichung für unsinnig erklären und kommen notgedrungen zu dem Schluss, dass die in Frage stehende kubische Gleichung keine – oder zumindest keine »reellen« – Lösungen hat.

Das aber birgt ein nicht unwesentliches Problem, denn ganz offensichtlich *hat* die kubische Gleichung $x^3 = 15x + 4$ eine reelle Lösung, nämlich

$$x = 4.$$

Wenn man diesen Wert einsetzt, ergeben beide Seiten der Gleichung die Zahl 64.

Wir stehen also vor dem Problem, Cardanos angeblich allgemeiner Formel, die dritte Wurzeln und imaginäre Zahlen enthält, die simple Antwort $x = 4$ zu entlocken.

Dieses Problem löste der Italiener Raffaele Bombelli in seiner einflussreichen, 1572 veröffentlichten Abhandlung *L'Algebra*. Bombelli nahm die imaginäre Zahl $i = \sqrt{-1}$ ernst und behandelte sie den üblichen Regeln der Algebra entsprechend wie eine »reelle« Zahl.

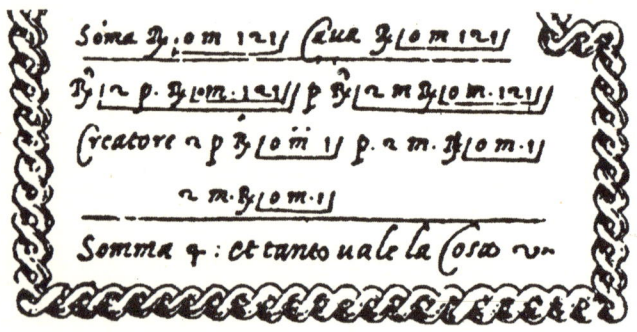

Auszug aus Bombellis Abhandlung von 1572. Er schreibt p für plus und m für minus, und unter Berücksichtigung weiterer Notationsunterschiede können wir 11i in der Form $\sqrt{0-121}$ darin erkennen.

Dabei fiel ihm insbesondere Folgendes auf: Wenn wir $2 + i$ mit sich selbst multiplizieren, erhalten wir $(2 + i)^2 = 4 + 4i + i^2$. Da $i^2 = -1$ ist, können wir dafür auch $3 + 4i$ schreiben. Wenn wir jetzt noch einmal mit 2 + i multiplizieren, also $(2 + i)^3$ berechnen, erhalten wir $(3 + 4i)(2 + i) = 6 + 11i + 4i^2$, was sich als $2 + 11i$ umschreiben lässt.

Also ist

$$(2 + i)^3 = 2 + 11i$$

und entsprechend

$$(2 - i)^3 = 2 - 11i$$

Das ist im Zusammenhang mit der Gleichung

$$x^3 = 15x + 4$$

insofern von Bedeutung, weil Bombelli auf diese Weise Cardanos Lösung

$$x = \sqrt[3]{2 + 11i} + \sqrt[3]{2 - 11i}$$

zu

$$x = 2 + i + (2 - i)$$
$$= 4$$

umformen konnte und damit die »reelle« Lösung erhielt, auf die wir zuvor schon gestoßen sind.

Auf diese Weise also, als Lösung eines ernsthaften Paradoxons, das *kubische* Gleichungen betraf, bahnte sich $i = \sqrt{-1}$ den Weg in die allgemeine Mathematik.

Die Blütezeit der imaginären Zahlen begann jedoch erst viel später, und es gibt diesbezüglich kein einflussreicheres Buch als Eulers Bahn brechende Einführung in die Infinitesimalrechnung *Introductio in analysis infinitorum*, die er 1748 veröffentlichte.

Es war ein ganz bestimmtes, erstaunliches Ergebnis, das in diesem Fall $i = \sqrt{-1}$ ins Spiel brachte, und um das zu verstehen, müssen wir uns zunächst an die Funktionen $\sin \theta$ und $\cos \theta$ aus Kapitel 10 erinnern, bei denen sich alles um Schwingungen dreht.

Man wusste seit Newton, dass sich diese Größen in Form unendlicher Reihen darstellen lassen, von denen die eine ausschließlich ungerade Potenzen von θ enthält und die andere ausschließlich gerade.

$$\sin\theta = 0 - \frac{\theta^3}{2\cdot 3} + \frac{\theta^5}{2\cdot 3\cdot 4\cdot 5} - \ldots$$

$$\cos\theta = 1 - \frac{\theta^2}{2} + \frac{\theta^4}{2\cdot 3\cdot 4} - \ldots$$

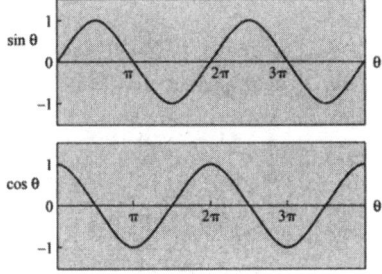

(Es lässt sich beispielsweise leicht nachprüfen, dass für diese Reihendarstellungen die beiden wichtigen Ergebnisse von S. 103 gelten.)

Weiter erinnern wir uns an die Zahl e = 2,718... aus Kapitel 13, die bei der Zinseszinsberechnung, beim Kartenaufdecken, bei Instabilitäten und Milchspritzern eine Rolle spielt. Wir erinnern uns insbesondere an die unendliche Reihe von S. 138:

$$e^t = 1 + t + \frac{t^2}{2} + \frac{t^3}{2\cdot 3} + \frac{t^4}{2\cdot 3\cdot 4} + \ldots$$

die sich für alle reellen Zahlen t als richtig erweist.

Vor uns liegen zu diesem Zeitpunkt einige relativ einfache, reizvolle unendliche Reihendarstellungen für sin θ, cos θ und e^t. Jetzt sind wir bereit, einen Schritt weiter zu gehen. Er ist kühn.

Manche nennen ihn verwegen.

Andere absolut haarsträubend.

Bevor wir diesen »kühnen Schritt« jedoch tun, werfen wir kurz einen Blick zurück. Denn obwohl es immer die Möglichkeit gibt, weiter nach vorne zu gehen, nähert sich diese spezielle Reise in die Welt der Mathematik ihrem Ende.

Zu Beginn war ich tapfer, vielleicht auch töricht genug, die Mathematik in nur sechs Worten zusammenzufassen:

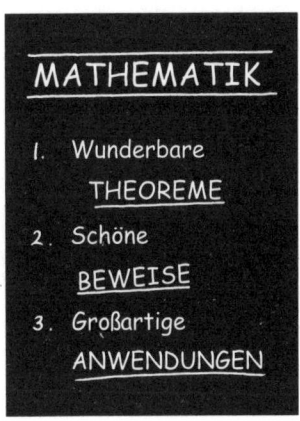

Ich hoffe, damit den richtigen Ton getroffen zu haben. Ich wage sogar zu hoffen, dass der eine oder andere eigene Lieblingstheoreme oder Lieblingsbeweismethoden gefunden hat. Ein paar seltsame Ergebnisse im Zusammenhang mit der Zahl π aus Kapitel 9 vielleicht? Oder den Beweis durch Widerspruch? Vielleicht auch einige Anwendungen aus dem Bereich der Planetenbewegung oder der Chaostheorie? Oder die »menschliche« Seite aus Kapitel 11, wo gezeigt wurde, wie auch Mathematiker sich manchmal verrechnen?

Oder der 1089er-Trick ganz am Anfang? Ich würde selbst den nicht ganz abtun. Er war vor vielen Jahren auch *mein* Favorit.

Aber wir müssen schließen.

Ich bedanke mich also für die Reisebegleitung und lenke die Aufmerksamkeit auf unser letztes noch ausstehendes und höchst verwegenes Unternehmen.

Denn vor uns liegt die Reihendarstellung von e^t und in diese setzen wir jetzt – ganz ohne jede Scham – die *imaginäre* Größe $t = i\theta$ ein, wobei θ eine reelle Zahl ist und $i = \sqrt{-1}$. Dies führt augenblicklich zu

$$e^{i\theta} = 1 + i\theta - \frac{\theta^2}{2} - \frac{i\theta^3}{2 \cdot 3} + \frac{\theta^4}{2 \cdot 3 \cdot 4} + \frac{i\theta^5}{2 \cdot 3 \cdot 4 \cdot 5} \ldots$$

und wenn wir die reellen und die imaginären Terme der rechten Seite trennen, erhalten wir

$$e^{i\theta} = \left(1 - \frac{\theta^2}{2} + \frac{\theta^4}{2 \cdot 3 \cdot 4} - \ldots\right)$$

$$+ i\left(\theta - \frac{\theta^3}{2 \cdot 3} + \frac{\theta^5}{2 \cdot 3 \cdot 4 \cdot 5} - \ldots\right)$$

Diese beiden unendlichen Reihen in Klammern sind aber *nichts anderes als die für* $\cos\theta$ *und* $\sin\theta$ auf S. 171! Wir erhalten:

$$e^{i\theta} = \cos\theta + i\sin\theta$$

Diese außergewöhnliche Formel, aufgestellt von Euler 1748, ist ein geeigneter Höhepunkt für das Ende des Buchs.

Denn erstens erhielten wir sie, indem wir eine ganze Bandbreite relativ raffinierter mathematischer Ideen wie Infinitesimalrechnung, unendliche Reihen und imaginäre Zahlen miteinander verknüpften.

Zweitens ist diese Formel von großem praktischen Wert. Sie ist tatsächlich der einzige Grund, warum nahezu jedes Lehrbuch für Ingenieure oder Physiker, bei dem es um Schwingungen geht, von e und $i = \sqrt{-1}$ nur so wimmelt, was viele Berechnungen stark vereinfacht.

Wenn wir jetzt noch den speziellen Wert $\theta = \pi$ einsetzen und beachten, dass $\sin \pi = 0$ und $\cos \pi = -1$ (S. 171), gelangen wir endlich zu der wunderschön einfachen Formel:

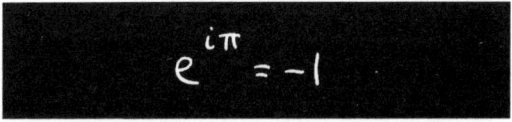

Obwohl natürlich jeder von uns das Recht auf eine ganz andere Meinung besitzt, wird diese beispiellose Beziehung zwischen e, i und π von vielen Mathematikern im Grunde für das atemberaubendste Ergebnis der gesamten Mathematik gehalten ... *bis jetzt*.

Literaturhinweise

Acheson, David: From Calculus to Chaos. Oxford: Oxford University Press 1997. *Informeller Überblick über die Angewandte Mathematik auf Universitätsniveau.*

Allenby, R. B. J. T.: Numbers and Proofs. London: Arnold 1997. *Eine Einführung in die reine Mathematik auf Universitätsniveau. Keine deutsche Übersetzung.*

Beutelspacher, Albrecht: »In Mathe war ich immer schlecht ...« Berichte und Bilder von Mathematik und Mathematikern, Problemen und Witzen, Unendlichkeit und Verständlichkeit, reiner und angewandter, heiterer und ernsterer Mathematik. Mit Illustrationen von Andrea Best. Braunschweig: Vieweg 1996.

Beutelspacher, Albrecht: Pasta all'infinito. Meine italienische Reise in die Mathematik. München: C.H. Beck 1999.

Braun, Karl Ferdinand: Geheimnisse der Zahl und Wunder der Rechenkunst. Mit einer Einführung von Hans-Erhard Lessing. Reinbek: Rowohlt 2000.

Courant, Richard und Herbert Robbins: Was ist Mathematik? Aus dem Englischen von Iris Runge. Bearbeitet von Arnold Kirsch und Brigitte Rellich. Berlin: Springer 1962. *Eine klassische Einführung in die Grundlagen des Gebiets vom höheren Standpunkt aus. Titel der Originalausgabe:* What is Mathematics? *Oxford: Oxford University Press 1941.*

Devlin, Keith: Sternstunden der modernen Mathematik. Berühmte Probleme und neue Lösungen. Basel: Birkhäuser 1990. *Eine lebendige Darstellung einiger moderner Entwicklungen. Titel der englischen Ausgabe:* Mathematics: The New Golden Age. *London: Penguin 1998.*

Dunham, William: Journey through Genius. The Great Theorems of Mathematics. New York: Wiley 1990. *Einige große Lehrsätze und viel Geschichte.*

Enzensberger, Hans Magnus: Der Zahlenteufel. Ein Kopfkissenbuch für alle, die Angst vor der Mathematik haben. München: Hanser 1997.

Gleick, James: Chaos. Die Ordnung des Universums – Vorstoß in Grenzbereiche der modernen Physik. München: Droemer Knaur 1988. *Populärer Bestseller. Titel der Originalausgabe:* Chaos. Making a New Science. *New York: Viking 1987.*

Hardy, Godfrey Harold: A Mathematician's Apology. Cambridge: Cambridge University Press 1940. *Ein Klassiker, sehr persönliche Ansichten aus dem Leben eines reinen Mathematikers.*

Hildebrandt, Stefan und Anthony Tromba: Kugel, Kreis und Seifenblasen. Optimale Formen in Geometrie und Natur. Basel: Birkhäuser 1996. *Wunderschön illustriertes Buch zu Minimierungsproblemen.*

Hollingdale, Stuart: Makers of Mathematics. London: Penguin 1989. *Knappe und ausgewogene Darstellung des Themas.*

Singh, Simon: Fermats letzter Satz. Die abenteuerliche Geschichte eines mathematischen Rätsels. München: Hanser 1998. *Der Bestseller schildert, wie es schließlich zum Beweis des Satzes kam. Titel der Originalausgabe:* Fermat's Last Theorem. The Story of a Riddle that Confounded the World's Greatest Minds for 358 Years. *London: Fourth Estate 1997.*

Stewart, Ian: From Here to Infinity. A Guide to Today's Mathematics. Oxford: Oxford University Press 1996. *Ein umfassender Überblick über die modernen Entwicklungen.*

Stewart, Ian: Spielt Gott Roulette? Chaos in der Mathematik. Aus dem Englischen von Gisela Menzel. Basel: Birkhäuser 1990. *Titel der Originalausgabe:* Does God Play Dice? The Mathematics of Chaos. *Cambridge, MA: Blackwell 1989.*

Wells, David: Das Lexikon der Zahlen. Nachrichten von Quadratwurzel 17 bis 33. Frankfurt a. M.: Fischer Taschenbuch Verlag 1990. *Unschlagbar zum Reinschnuppern an einem trüben, verregneten Nachmittag. Titel der Originalausgabe:* The Penguin Dictionary of Curious and Interesting Numbers. *Harmondsworth: Penguin 1987.*

Die Website zum Buch

Die Website zu *1089 oder Das Wunder der Zahlen* enthält unter **http://home.jesus.ox.ac.uk/~dacheson/** mehrere Items, die mit diesem Buch zusammenhängen, darunter Computersimulationen der Planetenbewegung (S. 51), Eigenschaften von π (Kapitel 9), Konvergenz unendlicher Reihen (S. 114), Computerlösung von Differentialgleichungen (S. 124), das Dreikörperproblem der Himmelsmechanik (S. 142), »elementares Chaos« (S. 147), chaotische Pendel (S. 151) und den Satz vom umgekehrten Pendel (S. 158).

Danksagung

Dieses Buch war eines der ehrgeizigsten und fantastischsten Projekte, die ich je unternommen habe. Es hat wenig Ähnlichkeit mit dem Buch, das ich vor fünf Jahren einigermaßen naiv zu schreiben begann, und auf dem Weg haben mir viele Menschen geholfen.

Ich möchte besonders meinen Vater John Acheson erwähnen sowie meinen guten Freund und Gitarren-Kollegen Don Fowler. Es betrübt mich sehr, dass beide das Erscheinen des Buchs nicht mehr erleben konnten.

Besonderer Dank gilt auch Robert Acheson, Sophia Fowler und Janet Mills.

Aber auch vielen anderen verdanke ich Ermutigung und Beratung, darunter Beth Ashfield, Arthur Barnes, Joyce Batty, Bertie Bellis, Viv Bowyer, Fyfe Bygrave, Peter Clifford, Maggie Couldwell, David Crawford, Andrew Dancer, John Gittens, Raymond Hide, Tony Hubbard, David Hughes, Andy Hunt, John Ireland, Michael Mesterton-Gibbons, Tom Mullin, Anthony Pilkington, John Roe, Chris Simmonds, Viktor Thaller, Sandra Tinson und John Wilson.

Schließlich möchte ich Richard Lawrence, Alison Jones und anderen Mitarbeitern der Oxford University Press für all ihre Unterstützung, ihre Geduld und ihren Humor danken.

Register

Achsen 43
Addition 7, 9, 11, 20, 31, 38, 79 f., 86, 113 f., 126
Algebra 35–45, 86
   algebraische Gleichung 40
   Anwendung 37 f.
   und Geometrie 39, 43
Analysis, *s. Infinitesimalrechnung*
Analytische Geometrie 43–45
Änderungsrate 59 f., 65 f., 70, 131, 138
   in Differenzialgleichungen 121–126
   von cos Θ 102–104, 170–172, 174
   von e^t 131 f., 138 f., 172, 174
   von sin Θ 102–104, 170–172, 174
   von t^2 62–64, 131
   s. a. Infinitesimalrechnung

Belusov-Zhabotinski-Reaktion 136
Bernoulli, Daniel 154 f., 157
Bernoulli, Johann 73, 154
Bevölkerungsmodelle 132 f., 146
Beweis 11 f., 16 f., 22, 24, 25–33, 40, 58, 77, 84–88, 103, 113, 156, 164, 173
   für Fermats Satz 33
   durch Induktion 85–88
   für den Satz des Pythagoras 16–19
   Wichtigkeit 22–24
   durch Widerspruch 25–33, 84 f., 173
Biologie 119–127, 144
Bombelli, Raffaele 168 f.
Brüche 20, 84 f., 132

Cardano, Girolamo 167–169
Chaos 141–151, 161, 173
   Dreikörperproblem 142, 180
   in »einfachen« Systemen 147
   und Pendel 161
Chemie 136, 144
Chlorophyll 120
Computerlösungen 124 f., 180

Cosinus 100–106, 131, 170–172, 174 f.
Cowboy-Problem 68 f.

Descartes, René 43, 45, 52
Differentialgleichungen 92, 121–127, 133, 149, 156, 159, 180
Differentiation 65
Division 31, 61, 63, 100, 122
Dreieck 90 f., 110–112
  Fläche 111
  gleichseitiges 111, 117 f.
  rechtwinkliges 16–20, 100 f.
Dreikörperproblem 142, 180
Durchmesser 89–92, 98, 148
dy/dt 60 f., 63–66, 70 f., 123, 131
  Bedeutung 66
  s. a. Änderungsrate

e 129–139, 171 f., 174 f.
Elektromagnetismus 127
Ellipse 48–50, 54, 56
e^t 132 f., 138 f., 172
Euklid 15, 29 f., 33
Euler, Leonhard 26 f., 96 f., 113 f., 126, 170, 175

Eves, Howard 112
Exponentielles Wachstum 132
Extremwerte 70

Farlow, Tal 107
Fermats letzter Satz 32 f., 43, 113
Flächenmessung 82
  allgemein 72
  Dreiecksfläche 17
  Kreisfläche 19, 89–92
  Rechtecksfläche 70

Ganze Zahlen 28–32, 37, 84–88, 96, 98, 113, 132
Geometrie 15–24, 39, 43, 45, 58, 100, 102
  analytische 43–45
  bei der Ellipse 50
  Kakeya-Problem 116–118
  beim Kreis 19, 22–24, 45
  Packungsproblem 110–112
  Pythagoras, Satz des 16–19, 76
  Topologie 21
  Verbindung mit Algebra 39 f., 43
Wegeprobleme 68 f.

Gerade 22, 43 f., 51, 69, 73, 83 f.,
Geschwindigkeit 48, 60–62, 64, 122 f., 132, 143
Gleichheitszeichen 39
Gleichungen 20, 39 f., 44, 85 f.
    kubische 167, 169
    und Kurven 44
    quadratische 41 f., 166 f.
    s. a. *Differentialgleichungen*
Goldberg, Michael 112

Halley, Edmund 48, 53 f., 56
Halleyscher Komet 47 f.
Hooke, Robert 53 f.
Hydrodynamik 126
Hypotenuse 100 f.
Hypozykloide 118

i 165–175
    Definition 166
    Ursprung 167, 169
    Verknüpfung mit e und π 172, 174 f.
    s. a. *Zahlen, imaginäre*
Indischer Seiltrick 153–155, 162
Induktionsbeweis, s. *Beweis*
Infinitesimalrechnung 59, 64, 66, 70, 94, 170, 175
    Anwendung 62–64
    Definition 59 f.
    dy/dt 60
    kleine Veränderungen 60 f., 63, 66, 71, 123–126
    und π 94
    Variationsrechnung 73
Instabilität 134–136, 150 f., 171

Kakeya-Problem 116–118
Kartenspielen 137 f., 171
Katastrophe 149, 151
Kegel 50, 54
Kepler, Johannes 50–53, 56
Knoten 107
Königsberger Brückenproblem 26–28
Konvergenz 80–82, 95 f., 114, 116, 146
Koordinaten 43 f.
Kreis 19, 22, 45, 89–91, 93, 110–113, 117 f., 135
    Durchmesser 89 f., 98
    Fläche 19, 89–91, 117 f.
    und das Kakeya-Problem 116–118
    Packungsproblem 110–113

Radius 19, 89–91, 117 f.
Umfang 19, 22, 89–91, 98
und ungerade Zahlen 20
Kubikwurzel 167–169
kubische Gleichung 167, 169
kürzeste Zeit 73–75
kürzester Weg 68–72, 75–77

Lander, L. J. 114
Leibniz, Gottfried Wilhelm 64, 95
Leopardenflecken 127
L'Hospital, Marquis de 73 f.
Lorenz, Ed 145

Malfatti-Problem 110–112
Maximalprobleme 70, 110
Minimalprobleme 67–77, 92
Mond 42
Mullin, Tom 161
Multiplikation 29, 31, 132, 166, 168 f.
Münzenwerfen 98
Murray, J. D. 127

Netzwerk 75–77
Newton, Sir Isaac 54–58, 64, 74, 126, 170

Oszillation 105, 147, 151, 157
s. a. *Schwingungen*

Packungsproblem 110–112
Parabel 44
Parkin, T. R. 114
Pendel 149–151, 154–164
  chaotisch, katastrophisch 151, 180
  Eigenfrequenz 149, 154 f.
  Mehrfachpendel 155–164
  Satz vom umgekehrten Pendel 156, 158–164, 180
Perlen, gleitende 73–75
pi (π) 89–98, 102 f., 111 f., 117 f., 175
  und Kreis 89–91
  und unendliche Reihen 95 f., 175
  Viète-Formel 94
  und Wahrscheinlichkeit 96, 98

Wallis-Produkt 94
Planetenbewegung 50–54,
  56 f., 126, 173, 180
Polygon 90 f., 93 f.
Primzahlen 28–31, 33
Principia mathematica
  (Newton) 52, 56–58
Pythagoras, Satz des 16–19,
  76

Quadratische Gleichungen
  41 f., 166 f.
Quadratwurzel 18, 84 f.,
  94 f., 98, 111 f., 117,
  132, 166–170, 174 f.
  von −1 166–170, 174 f.
  von 2 18, 84 f., 94
  von 3 18, 111 f., 117
  von e 132, 175
  von nπ 98

reductio ad absurdum 26
Reihen, unendliche 80–82,
  94–96, 114–116, 138 f.,
  170–172, 174 f.
  Divergenz 81 f., 116
  und e 138 f., 174 f.
  Konvergenz 80–82,
  95 f., 114 f., 146
  und π 95 f., 175
  Umordnung 114–116
Reinhardt, Django 99
Riemann, Bernhard 116

Schwerkraft 153
schwingende Feder 104 f.,
  121–123, 125
Schwingungen 99–108,
  125, 146 f., 149–151,
  154–161, 170, 175
  Cosinuskurve 105 f.
  Frequenz 106 f., 149,
  154 f., 158 f., 161
  Pendel 149–151,
  154–161
  Sinuswelle 100
  der federnden Spinne
  104 f., 121–123,
  125
  unsymmetrische 151
  s. a. *Teilschwingungen*
Schwingungsmodi
  105–107, 154 f.
Searle, Ronald 36
Seifenhäutchen 67, 72,
  76 f., 148
Sinus 100–106, 131,
  170–172, 174 f.
Steigung (einer Kurve)
  71
Stephenson, Andrew 156
Subtraktion 7, 20, 37
Symmetrie 134 f., 150 f.

Teilschwingungen
  106–108
Topologie 21

Umgekehrtes Pendel, Satz
  vom 156, 158–164, 180

Variationsrechnung 73
Veränderung, kleine 60 f.,
  63, 66, 70 f., 123, 126,
  148 f.
Vermutung, falsche 73, 114
Viète, François 94

Wahrscheinlichkeit 25, 96,
  98, 137 f.
Wallis-Produkt 94 f.
Warhol, Andy 162
Wettervorhersage 125 f.,
  144 f.
Widerspruch, Beweis
  durch, *s. Beweis*
Wiles, Andrew 33
Willans, Geoffrey 36
Winkel 18, 20, 69, 77,
  100–102

Zahlen 7–9, 31, 37–40, 72,
  83, 88, 116
  e, *s. dort*
  ganze 28 f., 31 f., 37,
  84–88, 96, 98, 113, 132

i, *s. dort*
  imaginäre 166–168,
  170, 175
  irrationale 84 f.
  konstante 122. 132
  negative 166
  positive 80, 88, 98,
  132, 166
  Primzahlen 28–31,
  33
  Quadratzahl 31
  rationale 84
  reelle 166, 168, 171,
  174
  pi (π), *s. dort*
  ungerade 20, 84,
  95
Zahlengerade 83 f.
Zauberei, mathematische
  9, 38, 153
Zeit 51, 60–66, 73–75,
  105 f., 121–126,
  131–133, 135 f., 139,
  144, 154
Zinsberechnung 129 f.,
  171
Zykloide 74
Zylinder 92

Bildnachweis

7, 9: aus: *I_SPY* Annual für 1956, *News Chronicle*. Mit freundlicher Genehmigung von Michelin, ref B/1101.

8, 165 (bearbeitet): The Robert Opie Collection.

10: aus: *Glen Baxter. His Life.* Fontana-Collins 1983, mit freundlicher Genehmigung von Glen Baxter, © Glen Baxter.

30, 65, 115, 133: © Sidney Harris 2002.

33: aus: *The Guardian* vom 24. Juni 1993. © *The Guardian*.

35, 119, 145, 172: Aus den Cartoons von Giles, die zuerst im *Daily Express* am 14.3.1963, 14.1.1954, 28.2.1946 und 16.9.1976 erschienen. © *Express Newspapers*.

36: Copyright © Ronald Searle 1953, mit freundlicher Genehmigung von Ronald Searle und der Sayle Agency.

38: aus: *Gamages Magic Catalogue*, London, um 1950.

42: Popperfoto.

47: aus: *The Modern World Book of Hobbies,* Sampson Low, Marston & Co., London, um 1950.

59, 134: Harold & Esther Edgerton Foundation, 2002, mit freundlicher Genehmigung der Palm Press, Inc.

67: © Mirror Syndication International.

77: Mit freundlicher Genehmigung von C. Isenberg.

79: *On Early Shift* (Greenwood Signal Box, New Barnett) by Terence Cuneo, National Railway Museum/Science and Society Picture Library.

99: Django Reinhardt in Manchester, England 1938. © Duncan Schiedt Collection.

106, 107: aus Charles Taylor: *Exploring Music. The Science and Technology of Tones and Tunes.* Bristol 1992, mit freundlicher Genehmigung des Institute of Physics.

125: aus: *Eagle Annual No. 2.* Hulton Press 1952. © The Dan Dare Corporation.

126: Milton VanDyke: *An Album of Fluid Motion*. Parabolic Press 1982.
127: Mit freundlicher Genehmigung von J. D. Murray, aus: *Mathematical Biology*. Springer Verlag 1989.
129, 136: Mit freundlicher Genehmigung von Art Winfree.
141: aus: *Help! And other ruminations.* Methuen Publishing Ltd 1982, © Mel Calman.
153: Aus der Sammlung von John Fisher.
158: © Steve Bell.
163: © The Magic Circle, London.